LAIZI
ZHONGGUOHAIZIDE
1001 WEN

来自中国孩子的 1001 问

生物谜踪

总 主 编 ◎ 余俊雄

分册主编 ◎ 钟 绍

编 著 ◎ 岑建强

U0384025

中国少年儿童新闻出版总社
中国少年儿童出版社
北京

图书在版编目（CIP）数据

生物谜踪 / 钟绍主编；岑建强编著. —北京：中国少年儿童出版社，2015.1（2019.7 重印）
（来自中国孩子的 1001 问 / 余俊雄总主编）
ISBN 978-7-5148-2100-0

Ⅰ.①生… Ⅱ.①钟… ②岑… Ⅲ.①生物学 – 少儿读物 Ⅳ.①Q-49

中国版本图书馆 CIP 数据核字(2014)第 294177 号

SHENGWU MIZONG
（来自中国孩子的 1001 问）

出 版 发 行： 中国少年儿童新闻出版总社
中国少年儿童出版社

出 版 人：孙 柱
执行出版人：郝向宏

内文插图：金色百闽	封面设计：缪 惟
责任编辑：张 靖	刘加强
责任校对：李云凤	责任印务：厉 静

社　　址：北京市朝阳区建国门外大街丙 12 号　　　　邮政编码：100022
总 编 室：010-57526070　　　　传　　真：010-57526075
发 行 部：010-57526568
网　　址：www.ccppg.com.cn
电子邮箱：zbs@ccppg.com.cn

印刷：北京缤索印刷有限公司

开本：720mm×1010mm　　1/16　　　　　　印张：7.75
2015 年 1 月第 1 版　　　　　2019 年 7 月北京第 3 次印刷
字数：100 千字　　　　　　　　印数：13001 – 16000 册

ISBN 978-7-5148-2100-0　　　　　　　　定价：20.00 元

图书若有印装问题，请随时向印务部退换。（010-57526718）

编者的话

　　《来自中国孩子的1001问》是专门解答孩子提出的稀奇古怪问题的科普图书。书中问题是从网上和其他渠道向全国少年儿童征集，从几万个问题中筛选出来的。所有问题通过专家筛选后，分门别类，请相关的科学家、科普作家作答，既有针对性，又有权威性。

　　孩子们提出的问题，往往是灵光一闪，思路并不清晰，但却包含着探究的热情和创造力的种子。所以，本书的第一宗旨，不在于解答多少个"为什么"，而是鼓励孩子发现问题、提出问题，启发他们提出好问题。为此，我们把提出问题的孩子的姓名和学校列出，算是对孩子的一种褒奖。专家还给每一个问题划分了星级，五颗星代表这个问题问得有水平，也最有代表性。四颗星、三颗星依此类推。

　　除此之外，为了引导孩子打开眼界，举一反三，文章末尾还设有小小观测窗、开心词典等小链接。这种新颖的、富有时代特色的互动形式，也是为了激发孩子的兴趣，拓宽他们的思路。

　　希望孩子们能喜欢上这套书。

目录

目录

3

来自中国孩子的1001问

目录

目录

目录

鸭嘴兽为什么既能胎生又能卵生？

河南省安阳市红庙街小学徐钰同学问：

鸭嘴兽为什么既能胎生又能卵生？

问题关注指数：★★★★★

看来这位同学已经知道，鸭嘴兽是一种奇怪的动物。不过，鸭嘴兽并不是既能卵生又能胎生，而是只能卵生。可问题是，鸭嘴兽是一种哺乳动物，这就奇怪了。

不要说是你，当英国人把这种怪模怪样的动物标本带回伦敦后，科学家们也大感奇怪。他们甚至认为，一定是有人把几种动物身上的器官和组织拼接起来，才会有这么奇怪的动物。为什么说鸭嘴兽奇怪呢？首先，这家伙有个鸭子

一般的大嘴巴，脚上也有鸭子一样的蹼，尾巴就像一个大舵。其次，它是产卵的，产下的卵需要妈妈用腹部的温度来孵化。可问题是，孵化出来的小宝宝，是吃妈妈的乳汁长大的，这就奇怪了。吃乳汁长大的动物，是哺乳动物啊，可哺乳动物都是胎生的呀。

由于鸭嘴兽既能产卵，卵孵化后又能用乳汁哺育幼崽，违背了当时的科学家对哺乳动物和非哺乳动物的划分标准。经过激烈争论，科学家们最终确定：鸭嘴兽属于卵生哺乳动物。

鸭嘴兽在生物学上是有重大意义的。我们都知道，生物的进化是从低等向高等演化的，鸭嘴兽这种和爬行动物相类似的卵生哺乳动物的特点告诉我们：哺乳动物是从爬行动物发展和演化而来的。

澳大利亚是块神奇的大陆。除了鸭嘴兽，针鼹也是卵生哺乳动物。澳大利亚之所以有这么多奇特的动物，是因为它被大洋包围。长期和其他大陆的地理隔绝，造成了很多生物在那里单独演化。

蝙蝠在什么时候觅食？它怎么睡觉？它生活在哪儿？

河南省安阳市红庙街小学王可凡同学问：

蝙蝠在什么时候觅食？它怎么睡觉？它生活在哪儿？

问题关注指数：★ ★ ★ ★ ★

蝙蝠也是一类比较特别的哺乳动物，它们和鸟一样，可以在天上飞，再也没有其他哺乳动物可以飞了，我们之所以平时不太容易看到蝙蝠，是因为它们的生活环境和生活规律比较特别。

如果你有机会去一些人迹罕至的山洞，往往会被壮观的蝙蝠群吓得直吐舌头。这些蝙蝠密密麻麻地倒挂在山洞的洞壁上，一旦受到惊吓，立刻就会飞起来。如果你不能及时退出来，准会被吓得神色大变。

蝙蝠是白天睡觉的，它们睡觉的姿势就是你进洞时看到的样子——倒挂。之所以采用这种奇怪的姿势睡觉，主要是因为蝙蝠的腿不能行走，无法借助腿部的力量起飞，而用倒挂的方式睡觉，起飞时只需松开爪子，伸开翅膀就可以滑翔了。

黄昏，蝙蝠们纷纷出动了。大多数蝙蝠以昆虫为生，也有些吃鱼、吃植物的果实，还有专门吸血的。在黑不溜秋的夜晚，蝙蝠能够吃到猎物，不是靠自己长着一双猫头鹰一般的火眼金睛，而是靠一种特殊的本领——回声定位。它们可以发出超声波，当超声波遇到物体弹回来时，灵敏的耳朵就能接收到。蝙蝠靠这种特殊的本领来判断，前面有没有好吃的，是不是该绕道了。你说，蝙蝠是不是很厉害？

联想快车

我们之所以把蝙蝠归为哺乳类而不是鸟类，是因为蝙蝠有毛（不是鸟身上的羽毛），而且它们产下的是蝙蝠宝宝，用乳汁来哺育。至于蝙蝠的翅膀，其实和鸟也是不一样的。蝙蝠的翅膀只是皮肤的膜在爪子之间连起来，上面是没有羽毛的。

猫为什么会长胡须？

河南省安阳市红庙街小学张捷同学问:

猫为什么会长胡须？

问题关注指数: ★ ★ ★ ★

在家里，我们看到除了爸爸有胡子，小猫也有胡须。不过大人会对你说，千万不要去拔猫的胡须，这是为什么呢？

原来，猫的胡须是它身体上的一种感觉器官，非常细小和轻微的触动都会通过神经传输到猫的大脑。最简单的例子是，猫要进洞抓老鼠之前，都会用胡须测量一下洞口的宽度。只有确定自己的身体可以安全地进出后，猫才会钻进去。

其实，猫的胡须并不仅仅是为了抓老鼠。我们知道，猫是一种夜

可是猫的胡须有多宽呢？

我们的洞口，必须比猫的胡须窄。

行动物。猫在黑暗中走路时需要胡须来帮忙，否则，单单依靠眼睛，难免会顾此失彼，从而做出错误的判断。

除了以上的理由之外，猫的胡须还能检测到外界的气流变化，这样在捕食时，就能确定猎物所在的方位。即使猎物躲藏得再好，但气味仍会让它露出马脚。

假如你剪掉了猫的胡须，会发生什么情况呢？猫在走路时会有些摇摇晃晃，跳下来落地的时候也会有些丧失平衡感。这也说明猫的胡须并不完全是装饰，也是一样特殊的感觉器官。

养猫的人都知道，家里经常会找到一些猫的胡须，我们是不是该为它担心呢？其实，猫的胡须也会有新陈代谢，一些胡须脱落，新的胡须很快就会长出来，是一件十分正常的事。

猫跳楼为什么不会受伤?

陕西省西安市何家村小学计佳军同学问:

猫跳楼为什么不会受伤?

问题关注指数: ★ ★ ★ ★

一到晚上,猫就像精灵一样在房檐上穿越,在墙顶上溜达,不仅悄无声息,而且爬上跳下毫不费力,也没见它们从高处跳下来时受伤。于是,大家就很奇怪,猫从那么高的地方跳下来,为什么没有受伤呢?

这要归功于猫身上的两门绝技:一个是平衡能力,另一个是肉垫。

说到平衡能力,如果你仔细观察猫的跳跃,会发现无论它起跳时是什么姿势,它总是能在空中完成对身体的调整。当它接近地面时,已经变成四肢收缩,尾巴伸展,一副着陆的模样。

当猫正式着陆时,你不会听到一般重物落地时的响声,那是因为猫的脚底有非常厚实的肉垫,可以很容易地缓冲身体对地面的冲击。

猫能够避免受伤,还与它的肌肉系统、骨骼系统以及神经系统的发达有关。只有各个器官组织和系统配合默契,效果才会最好。

猫的这种发达的平衡系统和完善的机体自我保护机制,有效地避免了受伤的可能性,因此,民间出现了猫有九条命的传说。

需要提醒大家的是,猫有这种本事,并不意味着你可以随便把它们从高处扔下去。如果你从30层楼把猫扔下去,猫即使有再多的命,也会呜呼哀哉的。

猫跳跃的本领很大,不过它们爬高的本领也不差。据说,猫原来是老虎的师傅,在教会老虎本领后,老虎仗着自己更厉害,反而要吃猫。幸亏猫在教老虎时留了一招儿,这才躲过了追杀,这一招儿就是爬高。

猫为什么爱干净？

河南省安阳市红庙街小学谢林岐同学问：

猫为什么爱干净？

问题关注指数：★★★★★

猫在吃过食物之后，会开始一本正经地洗脸。猫洗脸时非常专注，以至于当有些小朋友在吃饭后懒得擦嘴时，大人会说：让小猫咪来帮你洗脸吧。那么，猫为什么会这么爱干净呢？

这还要追溯到猫的祖先。我们都知道，家猫是由野猫驯化而来的，而野猫则是依靠捕猎过日子的。与狼群不同，野猫在捕猎时，依靠的是悄没声的伏击和突然的进攻。假如野猫在一次捕猎后，嘴巴和身上血迹斑斑，那么，它的下一次捕猎肯定比较困难。原因很简单，身上如果沾有太多的血腥味，很容易被对手嗅到，从而丧失捕猎的机会。

另外一个比较重要的原因是，猫在吃完食后，胡子自然也被弄脏了。可是，胡子是猫身上极其重要的感觉器官。离开了胡子的帮助，猫就会变得笨头笨脑的。所以，吃过东西以后，猫一定会把粘在胡子上的食物残渣清洗掉，这样才能继续进行其他活动。

猫洗脸是靠爪子帮忙的，因为它的舌头没有那么长。它先用舌头舔一下爪子，再用爪子去清洗胡须和脸，直到洗得干干净净为止。至于身上沾上的污渍和血渍，那用舌头就可以解决了。

其实，吃完食物后清洁一下自己并不是猫的专利，猎食动物都有这个习惯。你看看狮子、老虎就知道了，只不过猫花的时间更多一些，样子更有趣一些。

猫的天敌老鼠是个嗅觉极其敏锐的家伙。因此也有人专门训练老鼠来进行扫雷和缉毒工作。在这样狡猾的对手面前，猫如果不把自己清洗得干净一些的话，怎么去抓捕它们呢？

猫科动物的趾甲为什么会伸缩？

河南省安阳市红庙街小学肖晨彤同学问：

猫科动物的趾甲为什么会伸缩？

问题关注指数：★★★★★

一提起猫科动物，我们的脑海中马上就会浮现出老虎、狮子、豹等凶猛无比的家伙，当然，也有灵巧而迅猛的猫。显而易见，这些动物都是大自然中的捕猎高手。在捕食猎物的过程中，除了牙齿，爪子也发挥了重要的作用，猫科动物往往用爪子发动第一次攻击。

有些猫科动物经常需要攀爬。在攀爬的过程中，尖利的爪子就像钩子一样，能够牢牢地抓住，好比我们人类攀岩一样。

既然爪子的作用那么大，就需要在平时好好地保护。猫科动物的前肢有五个脚趾，后肢有四个脚趾。不但脚掌下长着厚厚的肉垫，每个脚趾下也有小小的脚趾垫，而脚趾前面，则是让猎物望而生畏的尖爪。大多数猫科动物平时走路的时候，脚趾上的尖爪是藏在趾套里面的，在行走时悄然无声。而一旦发现猎物，或者需要搏斗时，尖爪就会像尖刀一样从趾套中伸出来，当然也有些猫科动物的爪子是不会伸缩的，如猎豹。

猫科动物身上奇妙的地方还真不少。比如它们的瞳孔，可以在不同的光线下变化。当光线明亮的时候，瞳孔可缩小到一条缝儿；而当光线变暗的时候，瞳孔就会扩大甚至变圆，以保证有大量的光线射入。因此，我们看到黑暗中猫科动物的眼睛似乎能发光，其实那只是眼睛在反射外来光源而已。

狮子和老虎
谁更凶猛?

河南省安阳市红庙街小学王雨晴同学问:

狮子和老虎谁更凶猛?

问题关注指数:★★★★

不少人都曾经问过这个问题,这两种大块头的猫科动物,一个在亚洲耍威风,一个在非洲做老大,谁也惹不着谁。可是,人都是有好奇心的,要是让它们单打独斗一番,究竟是老虎叫狮子俯首称臣呢,还是狮子叫老虎甘拜下风呢?可惜这两个家伙没法儿来场面对面的PK,那么就让我们来次纸上谈兵吧。

首先来看它们身上的武装,由于两者都是大型猫科动物,因此都有极其厉害的犬齿和爪子,双方平分秋色。不过老虎身上还有一根力达千钧的尾巴,因此在身体的装备方面,老虎略占优势。接下来看双方的习性,狮子平时的狩猎主要采取打群架的形式,而老虎则是单干。这样看来,如果是单打独斗的话,老虎似乎更胜一筹。

假如再仔细比较,我们会发现,由于老虎平时是单干的,因此它在实际搏斗中会更敏捷,闪转腾挪更灵活,出击也更迅速。而狮子在前期略加隐蔽之后,就会开始疯狂地追击,一旦对手和它们巧妙周旋,极有可能导致追击失败。

因此,以单打独斗来说,个头差不多的狮子和老虎相遇,基本上会以老虎的胜利而告终。即使双方一开始旗鼓相当,老虎也极有可能笑到最后,因为在耐力方面,老虎也比狮子要强。

不管是狮子还是老虎,当它们采取隐蔽的方式接近猎物时,都潜伏在下风口,以防自己的气味被猎物闻到,从而逃之夭夭。

狗为什么要伸出舌头？

陕西省西安市何家村小学辛琳子同学问:

狗为什么要伸出舌头?

问题关注指数: ★★★★★

当我们感觉热的时候,身体就会出汗。尤其是在夏天,别说跑步和玩耍了,就是坐在家里,汗也是一阵一阵地流下来,擦也擦不完。

其实,这是身体在用流汗的方式帮助我们降温呢!当然,我们可以吃冰激凌降温,但肯定没有流汗管用。汗从身体里流出来的时候,把热量也带了出来,我们再通过喝水,把身体需要的水分补充进去,这样一出一进,体温就会下降,人也会感到凉爽。

如果你仔细观察,会发现皮肤上的汗是一点一点的,这些出汗的地方叫汗孔。汗孔的下面是形成汗的地方,叫作汗腺。汗腺里的汗通过一根管子,从汗孔里冒出来。人身上汗腺比较多的地方有手掌、脚底和腋下。你可以想想,夏天的时候,是不是身上这些地方出汗比较多呢?

说来说去,我们好像是在说人啊?一点儿不错,不过我们这是在为解释狗伸舌头做铺垫呢。夏天的时候,人会热,狗也会热。当身体感到热的时候,它也想出汗。可是很不走运,狗的汗腺是长在舌头上的。于是,狗觉得热的时候,就会伸出舌头,原来它是在出汗呢!当然,狗也可以通过呼吸把身体内的热气吐出来,把比较凉的空气吸进去。这样看来,狗要降低一点儿体温,比我们要麻烦多了。如果你家里养狗,那么在夏天帮它们多洗洗澡,会让它们很舒服的。

猫比狗要好一点儿,它的皮肤里有汗腺,但是汗腺不发达。因为出汗很不爽快,所以,猫虽然怕冷,却又很怕热。

狗的鼻子特别灵吗？

广东省广州市惠福西路小学冯钧洋同学问：

狗的鼻子特别灵吗？

问题关注指数：★★★★★

事实上，要回答这个问题一点儿也不难，在生活中我们会发现不少狗的鼻子特别灵的例子。比如警察在到达犯罪现场时通常会带着警犬，一旦在现场找到犯罪分子留下的蛛丝马迹，马上就可以在狗狗的帮助下顺藤摸瓜，缉拿罪犯。又比如，在火车站、机场等一些行李需要安检的地方，都会有警犬出现。它们东嗅嗅，西闻闻，明白无误地告诉大家：我的鼻子很灵，别想跟我要花招。

狗的鼻子灵靠什么？主要靠嗅觉细胞多和嗅觉神经发达。据统计，狗的嗅觉细胞大约是人的40倍。而实际上，大多数狗的嗅觉比人类的灵敏几万倍到几十万倍，有些甚至可以达到几千万倍甚至一亿倍。这是为什么呢？

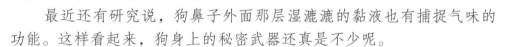

原来，狗的嗅觉细胞多，在鼻腔内的分布范围就大；分布范围大，和气体分子的接触就多。除此之外，大多数狗的鼻子较长，这意味着它们的鼻腔长，气味在里面停留的时间也长。另外，狗的嗅觉神经末梢也很灵敏，它们能把鼻腔和嗅觉细胞接收到的信息及时反馈给大脑。

最近还有研究说，狗鼻子外面那层湿漉漉的黏液也有捕捉气味的功能。这样看起来，狗身上的秘密武器还真是不少呢。

知识词典

我们上面说了一个观点，即狗的鼻子长，嗅觉就好。举个例子来说，拳师犬的鼻子比较短，与一些鼻子长的犬类如猎犬等比起来，嗅觉就要差一些了。

狗为什么天生会游泳？

黑龙江省哈尔滨师范大学呼兰实验学校付昕哲同学问：

狗为什么天生会游泳？

问题关注指数：★ ★ ★ ★

你也只会蛙泳。有本事给我刨一个看看。

狗刨式还出来丢人！

提这个问题的同学，一定看到过狗在水里游泳。你一定很好奇，狗怎么会游泳呢？难道是天生的吗？猜对了！狗就是天生会游泳。

每种动物都有与生俱来的本领，而这些本领一定与动物所处的生存环境有关，也就是达尔文所说的"适者生存"。任何动物，只有具备适应环境的本领，才有可能活下来。

好了，现在说狗。我们都知道，狗的祖先是狼。狼靠什么生存？追逐猎物并且与它们搏斗。在追逐猎物的过程中，嗅觉是第一位的，要不然连猎物在哪个方向都搞不清楚，怎么捕猎呢？其次，它们必须有逢山开路，遇水过河的本领，否则，很可能追了半天，人家一下水，它们就没招儿了。于是我们得出结论：为了生存，狼必须要会水。

最初，人类把狼崽带回家中饲养，就是看中了狼的优点。经过千百年的驯养，狗保留了狼的诸多优点，会游泳就是其中之一。

不过，现在的很多狗虽然天性没有丧失，但已经有些怕水了。如果你把一只宠物狗猛然扔进水里，绝对会让它受惊，从而对水产生畏惧。因此，对于宠物狗还是要采用循序渐进的方式，先让它对水有好感，然后才能发挥它的本性。

联想快车

狗还有个习惯，那就是刨地。你知道它刨地干什么吗？是为了找东西。原来，早先的狗会把吃剩的骨头找个地方埋起来，等要吃的时候再刨出来。久而久之就形成了习惯。

狼为什么勇猛善战？

陕西省西安市何家村小学李典同学问：

狼为什么勇猛善战？

问题关注指数：★ ★ ★ ★ ★

这位同学看问题的角度很有意思。一般人认为，狼是凶残的。然而她却认为，狼是勇猛善战的。其实，这是用另一种思维方式来看待狼的行为。当我们看问题的角度不同时，得到的结论也可能不同。

狼确实是够凶残的。狼是夜行动物，黑夜里要看清对手，眼睛一定要特别明亮。狼还是群居动物，互相之间要联络，号叫也是免不了的。遇到大个子动物，狼的尖利犬齿就会撕碎对手。这些都是由狼的本性决定的。狼是食肉动物，有哪一个动物会主动让它吃掉呢？

狼看上去勇猛善战，是因为狼在狩猎的时候，大多倚仗自己能奔善跑的特点，采用穷追猛打的手段来追击对手。在狼王的率领下，狼群用耐力拖垮对方的体力和意志，逼迫对方无路可逃，展开决战。一旦战斗开始，狼王又身先士卒，不达目的决不收兵。那些看上去体格强壮的对手，比如野猪、驯鹿、麝牛等，往往会被群狼的轮番冲锋所击垮。另外，狼还是非常聪明的动物，它们并不是和对方蛮干，而是在周旋中寻找下口的机会。

在动物世界中，以小搏大的动物一般都被认为是勇猛善战的。在这方面，狼确实是一个楷模。不过，蚂蚁也是厉害角色，只是我们平时不太注意罢了。

联想快车

与狼相比，生活在非洲的行军蚁更加勇猛。行军蚁发现猎物后，会以一个巨大的阵形包围上去。即使是一个大家伙，比如一只羊，也会像变戏法一样很快被消灭。

11

鲸是用肺呼吸的，但为什么一到陆地上就会死呢？

广东省广州市惠福西路小学吴冠臻同学问：

鲸是用肺呼吸的，但为什么一到陆地上就会死呢？

问题关注指数：★ ★ ★ ★

让我们先来回答另外一个问题吧：人也是用肺呼吸的，但假如让他不吃不喝，他能活下来吗？一定不行。其实，鲸到岸上活不了也是同样的道理。

鲸是海洋哺乳动物。说它是哺乳动物，是因为它具备了哺乳动物的特点：用肺呼吸、胎生、用乳汁喂养宝宝。说它是海洋动物，是因为它的身体已经完全按照海洋生活的需求进行演化了。鲸庞大的身躯是靠海水的浮力托起来的；它的四肢已经完全变成了鳍；它吃的食物，如磷虾、贝类、鱼类、乌贼、海豹，全是海里的动物。

当鲸来到陆地后，最大的问题是无法行走。不仅是没有可以走路的四肢，也失去了托起它巨大身躯的浮力。于是，那些搁浅的鲸仿佛是一摊摊烂泥，只剩张嘴呼吸的分儿了。

除此之外，鲸的皮肤也早已适应了水中的生活。没有了水的滋润，皮肤很快就会干燥破裂，其他的器官和组织也会极不适应。

不仅是鲸，其他海洋哺乳动物也不能离开水生活。因此，当某个地方的海洋出现严重污染的时候，对于栖息在这个地方的海洋哺乳动物来说，无疑是个极大的灾难。

海龟之所以要爬到陆地上来，是因为它是靠下蛋来繁殖后代的。一旦下蛋完毕，它们就会爬回到大海里去。而那些孵化出来的小海龟一出生自己就会往海里爬，原因很简单，在陆地上它们是活不下去的。

蓝鲸**为什么**会**那么大**？

陕西省西安市何家村小学阎力玮同学问：

蓝鲸为什么会那么大？

问题关注指数：★★★★

现在世界上最大的陆地动物是非洲象，这种长着两只大耳朵的家伙有3米多高，重6～7吨。不过，与蓝鲸比起来，非洲象简直是幼儿园里的小娃娃。因为刚出生的蓝鲸宝宝就有6～7米长，体重和非洲象差不多。

蓝鲸是有史以来地球上存在过的最大动物之一。有记录的蓝鲸最长达到33米，比大多数恐龙都要长。至于体重则很难精确地测量了。因为当人们把蓝鲸捞起来时，已经有好几吨的血液和体液流失掉了，尽管有明显的低估，但依然可以达到170吨以上。地球上曾经出现过的最大的恐龙估计体重也只有130多吨，比蓝鲸轻多了。

蓝鲸为什么那么大呢？答案应该来自两个方面：一是生活环境，二是食物供应。我们知道，海水是有浮力的，蓝鲸在海里游动，比大象在陆地上行走要轻松的多。其次，蓝鲸的食物是小小的磷虾，虽然蓝鲸胃口极大，但磷虾数量多且生长快，因此并不缺乏食物。当一种动物既能快速移动，又不愁吃喝时，自然就可以长得很大。

事实上，与其他动物相比，海洋中的动物明显更大。有了广阔的海洋，动物就有机会长得更大，蓝鲸是其中的佼佼者。

蓝鲸到底有多大，一般人是很难想象的，让我们看一下它的舌头吧。蓝鲸仅舌头就有3吨重，上面同时可以站五六十个人！

13

海豚为什么要发出超声波呢?

广东省广州市惠福西路小学沈洁怡同学问:

海豚为什么要发出超声波呢?

问题关注指数: ★ ★ ★ ★

什么是声波呢?声音从声源发出来,会引起空气或其他介质的振荡。由于振荡是以波的形式传播的,所以被称为声波。声音的振荡有快有慢,振荡的次数叫作频率。人能够听到的声音频率是20赫兹～20千赫,也就是每秒钟的振荡次数在20～2万次之间。如果低于20次或者超过2万次,那我们就听不见了。海豚比较特别,它既能在人耳可以听到的低频范围内发声,也能在人耳听不到的超高频范围内"说话",后者就属于超声波。和蝙蝠一样,海豚之所以发出超声波,是它体内回声定位系统的需要。

动物的感觉器官通常比较发达,且各有各的绝招:比如鹰的视觉发达,狗的嗅觉发达,而海豚则是听觉发达。海豚的视觉较差,为了顺利地捕食、联络、求偶等,于是演化出了一套回声定位系统。

海豚和蝙蝠的定位原理是一样的:先是发出超声波,当它们在前进过程中遇到障碍物时,超声波就会反弹回来,具有特殊功能的耳朵可以接收反弹回来的超声波,以此判断物体的远近、方位、大小等。

那么,海豚为什么不发出一般的声波来定位呢?道理很简单:周围到处都是一般的声波,根本无法分辨出同类的信号。而发出只有自己同类才能分辨的声波就没有这个烦恼了。

有些歌手唱出了非常高的音调,大家就说他们能飙出海豚音,比如张靓颖。其实,人是不可能发出像海豚那样的超声波的。说一个歌手能飙出海豚音,其实是赞美她(他)的声音非常高。

松鼠的大尾巴对它的生活有什么帮助？

广东省广州市惠福西路小学王海明同学问：

松鼠的大尾巴对它的生活有什么帮助？

问题关注指数：★ ★ ★ ★

很多同学在读过布丰的《松鼠》后，都对松鼠毛茸茸的大尾巴产生了浓厚的兴趣：松鼠的大尾巴有什么用处吗？

我们知道，在树上生活着许多动物，这些动物在高高的树上跑来蹿去，一不小心就会掉下来。因此，强大的平衡能力是在树上生活的前提条件。比如猴子就有一条长尾巴，这条长尾巴就像它的第五条腿一样，可以挂在树上。猴子从一棵树跳到另一棵树上的时候，就是靠尾巴来掌握平衡的。松鼠飞快地在树上跑来跑去，也是靠大尾巴来保持平衡的。假如一时头晕或者不小心掉了下去，大尾巴不但能给松鼠以平衡，让它不至于在落地的时候撞破脑袋，还能像降落伞一样延缓它下落的速度。如果尾巴很小，那么结果恐怕会不太妙。

其次，在寒冷的夜里，这条大尾巴还能当被子盖在身上。松鼠不是冬眠的动物，也不是迁徙动物，哪里暖和就去哪里。到了冬天，森林里是很冷的，但是松鼠不怕。换上冬毛之后，不但身体有了保护，身上还有一条自备的"大被子"，别提多管用了。

当然，在求偶季节，大尾巴还可以告诉心仪的对象自己有多漂亮。说不定，它们还会给予对方一点儿来自大尾巴的温暖呢！

每种动物都有自己的生存绝招儿。就拿蜥蜴来说吧，脚趾下长了吸盘，让它成为飞檐走壁的高手。而啄木鸟呢，它的脚趾两趾朝前，两趾向后，就像钩子一样，把身体牢牢地支撑在树干上。

大象的鼻子为什么长？

广东省广州市惠福西路小学李婉雯同学问：

大象的鼻子为什么长？

问题关注指数：★★★★★

一种动物要在世上存活下来，总得有点自己的绝活儿。食肉动物要生存，除了要有快速奔跑能力，还要有尖爪和利齿。而食草动物呢，要么有跑得快的飞毛腿，要么有强壮的身体和足以对抗对手的武器，否则也不大可能生存下来。大象的厉害之处在于超级强壮的身体和剑一样的长牙。几千万年以前，古象把大把的时间花在沼泽地和河里，犹如今天的河马。虽然个子已经像现在的猪那么大了，但是并没有长长的牙齿和鼻子。随着大象的体重逐渐增加，为了支撑身体，它的四肢也慢慢变得强壮起来。可是这样一来，太过笨重的身体就不太好长期在沼泽地和水里生活了，只能转移到陆地上来。

为了抵抗逐渐强大起来的食肉动物，大象的门齿开始增长。我们知道，大象是食草动物，门齿太长的话，吃草是会有问题的。于是，大象的鼻子越来越长，越来越灵活，最终起到了犹如我们人类的手的作用。

当然，大象身体各部分的演化是同步的。这种演化充分体现了自然选择的原理。如果大象做不到这一点，那么就将灭亡。地球在人类出现之前已经有许许多多生物灭绝了，就是因为无法适应环境变化。

大象能够用鼻子吸水却不会被水呛着，不少人都觉得很奇怪。其实，这是因为在它的食道外面有一块软骨，好比是一个活络的盖子。水和食物进来的时候，这个盖子会自动盖住气管；而在平时，盖子是盖住食道的。所有的哺乳动物都有这个"盖子"，称为会厌软骨。

为什么我们国家把熊猫当国宝？

陕西省西安市何家村小学张臻嘉同学问：

为什么我们国家把熊猫当国宝？

问题关注指数：★★★★★

大熊猫是我们国家的国宝。大熊猫不但是我们国家特有的一种动物，而且十分可爱且无比珍贵，使得它成为我们国家当之无愧的国宝。

大熊猫这种憨厚无比的大家伙只分布在我国的四川、甘肃和陕西。研究表明，大熊猫是一种非常古老的动物。后来，同时代的大多数动物都灭绝了，但大熊猫却通过对环境的适应存活了下来。

哥们儿，你顶着食肉动物的帽子去吃竹子，亏不亏呀？

食肉动物吃肉，那算什么本事。

大熊猫本来是食肉动物，现在却要靠啃竹子过日子，想想就非常了不起。你知道吗？由于食肉动物和食草动物的消化系统明显不同，使得大熊猫在一天内要花12个小时去吃竹子，才能喂饱它的肚子。每过几十年，作为大熊猫主要食物来源的竹子就会开花并大面积死亡，从而对大熊猫的生存构成严重的威胁。1974年和1983年，我国境内的大熊猫栖息地就曾出现过大面积箭竹开花枯死的现象。在这样恶劣的环境下，大熊猫居然顽强地活了下来，想想就非常了不起。

大熊猫看上去非常可爱。不过，它们对于谈情说爱是很挑剔的，看不上的宁愿不要。即使双方情投意合，生孩子也大多只是一胎，而且不保证养大。加上人们早期对于大熊猫栖息地的破坏，所以，野外的大熊猫数量一直很少，只有1500多只。

开心驿站

世界自然基金会（WWF）是一个全球性的环境保护组织，致力于环境和物种的保护，它的标志就是一只大熊猫。

17

斑马身上的斑纹有什么用？

河南省安阳市红庙街小学辛嘉霖同学问：

斑马身上的斑纹有什么用？

问题关注指数：★ ★ ★ ★

当斑马在非洲草原上飞奔的时候，我们除了感叹这种动物矫健的身体之外，也会有点眼晕，因为我们实在是看不清楚它们的个体，只觉得眼前有无数的黑白条纹在晃动。其实，在斑马周围虎视眈眈的狮子和猎豹也有同样的感觉。如果没有单个的斑马落单，那些冲入斑马群的狮子和猎豹很快就会被晃得眼花缭乱，最终放弃追逐。这就是斑马身上的斑纹起到的迷惑敌人的妙用。

我们都知道，斑马生活在非洲的草原上。由于周围的环境非常开阔，斑马很容易暴露在狮子、猎豹等天敌的眼皮底下。为了生存的需要，斑马的皮肤逐渐演化出条纹。在阳光或月光的照射下，这些黑色或者褐色的条纹与白色条纹混杂在一起，远远地看过去，很难看清楚，也就保护了斑马的安全。

草原上还有一种叫刺刺蝇的昆虫会传播睡眠病。但奇怪的是，那些体色单一的动物如羚羊、角马容易得睡眠病，而斑马则非常少见。因此，条纹也是斑马对付昆虫叮咬的一个手段。

像人的指纹一样，斑马的条纹其实是有差异的。因此，斑马还靠不同的条纹来互相辨别。

20世纪50年代，英国人开始在马路上画横格线，以便于行人穿越马路。由于横格线看着像斑马身上的条纹，因此人们称它为斑马线。

骆驼为什么能在沙漠里生存？

陕西省西安市何家村小学罗雪萱同学问：

骆驼为什么能在沙漠里生存？

问题关注指数：★★★★★

不少同学都经历过沙尘暴，当风沙铺天盖地吹来的时候，除了躲进屋里，简直不知道该怎么办才好。但骆驼似乎不怕，它好像就是为沙漠而生的。那么，骆驼为什么能在沙漠中生存呢？

骆驼当然有它的绝招儿。第一招是五官有保护。骆驼的耳朵里有密密的毛，把风沙隔绝在外面；它还有双重的眼睑和浓密的长睫毛，好比为眼睛装了防沙网；它的鼻子不但能自由关闭，而且鼻腔里还是弯弯绕的，风沙想冲进去，连门儿都没有。第二招是脚下有防护。骆驼的脚掌是扁平的，脚下还有一层角质的垫子。既不怕陷进去，也不怕烫。第三招是胃中藏秘密。沙漠里最怕缺水，但骆驼的胃有三个"房间"，其中一个胃有许多瓶子状的小泡泡，可以储存很多水分。第四招是驼峰存粮食。它背上的驼峰里存着脂肪，随时可以分解，就像一个自带的食堂，使得骆驼在找不到食物的时候也不怕。骆驼还有不少独特的本事：它的体温在34－41℃，晚上体温低，白天体温高，只有高于41℃，骆驼才会出汗；它呼气的时候，温热的气体要经过弯弯绕的鼻腔才能出去，这样可以冷却气体，回收水分；它在缺水的时候，不会先消耗血管里的水分，这样就能保持健康……骆驼有这么多特殊本领，难怪被称为"沙漠之舟"。

非洲有一种纳米布沙漠甲虫，它们的翅膀上有一种超级亲水纹理，同时还有一种超级防水凹槽，可以从空气中吸取水蒸气。当水珠越聚越多时，就会沿着弓形后背落入它们的嘴中。

猴子的屁股为什么是红色的？

陕西省西安市何家村小学关润泽同学问：

猴子的屁股为什么是红色的？

问题关注指数：★ ★ ★ ★ ★

传说在很久以前，调皮的猴子经常去村里偷东西。它们来到村口，坐在石凳上等，等到人们都睡着了，就开始串东家、走西家，搞得村民不得安宁。被惹恼了的人们想了个办法，要整一整猴子。

那天晚上，猴子们又来了，它们照例先坐在石凳上等，却不料被石凳上厚厚的糨糊给粘住了。正在猴子们着急的时候，村民们放起了鞭炮。猴子们吓得蹦了起来，把屁股上的毛也给扯掉了，屁股也受伤了。打那以后，猴子的屁股就变成了红色。

当然，这只是人们编出来的一个故事，但也道出了猴子红屁股的原因：第一是那地方没毛；第二是皮肤薄，而且血管丰富。

由于猴子喜欢"坐"，因此，在与石头、树枝等长期摩擦下，臀部上的毛渐渐地消失了。由于猴子的皮肤比较薄，屁股上的血管又比较多，因此，那里自然而然就会红了。

不过，猴子的红屁股在平时是不太明显的，但是一到发情期就不一样了。由于在发情的时候，猴子会非常亢奋，导致血液循环加快，因此，屁股上的血管就会把红屁股暴露出来了。

当红屁股这个信号出现以后，猴子们就会明白：该努力谈恋爱生孩子了。而一旦怀孕了，母猴的屁股就不会像之前那样红了，因为它得把更多的精力转移到未来的小猴身上。有时候我们还会发现，红屁股的猴子脾气有点暴躁，那是因为它得捍卫自己的交配权利。

我们人类在兴奋的时候会脸红，那是因为脸上的皮肤薄，而且血管丰富。一旦兴奋，血液流动就会加快，从而导致毛细血管扩张。

北极熊的毛是白色的吗？

广东省广州市惠福西路小学李嘉昕同学问：

北极熊的毛是白色的吗？

问题关注指数：★★★★★

作为陆地上最大的食肉动物，北极熊又被称为白熊，这就明白无误地告诉我们，北极熊是白色的。不过，有时候我们看电视上的北极熊会觉得它是金黄色的，这种变化主要是因为它身上的毛有特殊的结构。

能够生活在寒冷的北极，北极熊肯定有特殊的防寒能力，这种能力主要体现在它的体毛上。北极熊身上的毛是透明的具有中空结构的小管子，具有非常好的防水和隔热功能。我们冬天穿的羽绒服，就是借用了这种结构。这些体毛内层粗糙不平，在受到阳光的照射后，会使光线向四面八方散射。就像雪花一样，单个雪花是透明的，但很多雪花聚在一起就是白色的。

有的同学会问，黑色的中空体毛不是更好吗？既能有效吸收热量，也能防水保温。从科学上讲，这话非常正确，但没有考虑北极熊的生存环境。如果北极熊披着一身黑色的毛皮在白色的世界里晃悠，那还能抓到猎物吗？所以，白色还是北极熊的保护色。其实，北极熊的演化也考虑到了如何更好地吸收热量——它的皮肤就是黑色的。你只要看看它的鼻子、嘴唇、眼睛周围就知道了。

到了夏天，北极熊虽然不像其他北极动物那样大面积换毛，但因为阳光过于强烈，氧化作用也会使它的毛发黄。

在季节更替的时候，大多数北极动物都是要换毛的，比如北极狐。冬季的时候，北极狐披上了雪白的皮毛；而到了夏季，厚厚的冬毛就会脱掉，换上稀疏凉爽的夏毛，颜色也接近于土黄。

小猫小狗第一眼看到谁，就当谁是妈妈吗？

陕西省西安市何家村小学秦梦雨同学问：

小猫小狗第一眼看到谁，就当谁是妈妈吗？

问题关注指数：★★★★★

别对我虎视眈眈就不错了。

我要一生叫你妈妈。

这个问题太难了，因为我们谁都不是那只刚生下来的小猫小狗，而且我们也听不懂它们的话。怎么办呢？那就去看看它们生下来以后有些什么行为吧。

小猫小狗生下来的时候，眼睛是紧闭的，它们需要至少一个星期才能睁眼。因此，在用眼睛认识世界之前，小猫小狗已经喝上了妈妈的乳汁。几天之后，当小猫小狗睁开眼睛时，看见那个给予它乳汁的大家伙，闻到它身上熟悉而亲切的气味，那么，自然而然地就会把它当作妈妈。有的时候，一些第一次当母亲的家伙不太合格，不会喂养自己的孩子。如果这些事发生在动物园里，那么，人们就会去寻找一个替身，来帮助它完成哺乳。这位提出问题的同学可能看到过诸如"狗妈妈哺育虎崽"这样的新闻，便产生了联想：那只小老虎睁开眼睛的时候，会认为"狗妈妈"是它的妈妈吗？

其实，狗妈妈和虎崽刚接触的时候，谁也不认谁，因为对方身上的气味不对。于是，人们先把狗的奶水涂在虎崽的嘴边，让它熟悉这个味道。随后，经过狗主人的安抚，狗妈妈才会接受虎崽。小虎崽吃了奶，熟悉了气味，当它终于睁开眼睛的时候，很自然就会把狗妈妈当作自己的妈妈了。

知识词典

狗对主人忠诚，是因为它有服从的天性。狗是从野狼驯化而来的，所以身上还保留着一些狼的习性。狼群中都有头狼，其他狼必须服从头狼的指挥。

长颈鹿有很多颈椎骨吗？

河南省安阳市红庙街小学李微微同学问：

长颈鹿有很多颈椎骨吗？

问题关注指数：★★★★★

和我们人类完全一样，长颈鹿也只有7块颈椎骨。但和我们人类不一样的是，它的每块颈椎骨都非常长。长颈鹿是世界上最高的动物，成体大约在5米左右，其中脖子大约占2米。把2米长的脖子平分到7块颈椎骨和连接颈椎骨的6个椎间盘上，我们马上就可以算出，每块颈椎骨加上椎间盘约有30厘米长。你再量一量自己的脖子，恐怕连长颈鹿的一块颈椎骨都不到。

那么，为什么长颈鹿的颈椎骨那么长呢？换句话说，为什么长颈鹿要有那么长的脖子呢？这个问题其实一直都有争论。过去法国博物学家拉马克用"用进废退"的理论来解释说因为食物缺乏，长颈鹿要一直伸长脖子才能够到高处的树叶。长颈鹿的后代都这么干的话，脖子就会拉长。但这种通过后天努力获得遗传的说法后来被否定了。

长颈鹿之所以有长脖子，起因多半是因为食物缺乏。那些脖子较长的个体显然能够吃到树上的树叶。在长期的生存竞争中，短脖子的长颈鹿由于吃不到食物，慢慢地被淘汰了，而长脖子的个体则把这种基因遗传了下来。经过很长一段时间的淘汰，逐渐形成了长颈鹿的长脖子，这就是达尔文提出的自然选择理论。

目前看来，自然选择理论是正确的。其他动物的演化也可以证明这一点。

自然选择其实无处不在。我们都知道，斑马每时每刻都受到狮子、猎豹等食肉动物的追杀。那些最终被吃掉的肯定是跑不快的家伙。能够逃脱追杀的个体存活下来，也就把善于奔跑的基因遗传了下来。

牛走路时为什么会摇尾巴呢？

河南省安阳市红庙街小学徐靖雯同学问：

牛走路时为什么会摇尾巴呢？

问题关注指数：★★★★★

　　有个童话故事，说苍蝇看到别的动物都有尾巴很羡慕，就想讨一条尾巴。它问鱼儿讨，鱼儿告诉它，自己游泳时需要靠尾巴转方向；它问虾儿讨，虾儿告诉它，自己靠尾巴前进……最后，它问大黄牛讨尾巴，结果大黄牛尾巴一甩，"啪"的一声就把那只苍蝇打死了。

　　如果你有机会近距离地看牛，就会发现不少虫子总是围着牛上下飞舞，而牛尾巴也总是在不停地左晃右甩。很明显，牛尾巴是在尽力

驱赶那些虫子。不过，虽然牛尾巴很卖力，但小虫子实在是太多了，根本没办法把它们全部赶走。

　　有时候，有些牛会请"外援"，比如水牛会请牛背鹭来帮忙。牛背鹭吃的大多是水牛翻地后跑出来的各种虫子，但也吃水牛背上的寄生虫，捎带着驱赶那些停留在水牛背上的"淘气包"。

　　不过，有一种叫作牛蝇的小虫子，牛却对它毫无办法。雌牛蝇会找个机会直接把卵产在牛身上。这些卵孵化以后，幼虫会穿过厚厚的牛皮直达皮下，然后就在那里把自己养大，成熟后再钻出来，落到土中去化蛹。身体里住了牛蝇虫卵的牛，不但皮肤被打了一个个洞，而且会影响到自身的健康。可惜，牛尾巴再怎么甩，也很难管住可恶的牛蝇。

犀牛的皮肤看似坚硬，其实褶缝里的皮肤娇嫩得很，寄生虫就把那里当作家。犀牛没办法，只好在泥水中打滚儿，把有缝的皮肤抹上泥巴，这样寄生虫就没法儿待了。当然，犀牛鸟也会帮着它捉虫子。

为什么啄木鸟不会得脑震荡？

黑龙江省哈尔滨师范大学呼兰实验学校付昕皙同学问：

为什么啄木鸟不会得脑震荡？

问题关注指数：★★★★

如果你有机会到森林里去，除了能看到各种小动物在树林间蹿来飞去，还能听到"笃、笃、笃"的敲击声，那是"森林医生"啄木鸟在高高的树干上用它的喙敲击啄洞。啄木鸟挖开树洞后，就会用舌头把隐藏在里面的虫子钩出来吃掉。

被啄木鸟钩出来的虫子，都是危害树木生长的敌人。依靠啄木鸟的帮忙，森林才能够长得更健康、更茂盛。

可是，啄木鸟的这种本领，绝不是一般动物所能做到的。科学家经过仔细观察和分析，发现啄木鸟每天要啄木500次以上。假如我们骑着飞快的自行车去撞击墙壁，不要说几百次，也许只要几次就会趴下了。那么，啄木鸟的喙怎么会啄不坏，也不会得脑震荡呢？这就要感谢它特殊的喙部和脑部结构了。

先来看喙部，啄木鸟的喙部不但坚硬，而且包着纤维，底部还有厚厚的海绵状骨质和软骨，这样就可以减少冲击时带来的震荡。这还不算，在喙部和头部的连接处，还有强劲的肌肉。这样，啄木鸟在撞击树木的一刹那，肌肉就可以收缩，大大缓冲了传递到大脑的力量。

大脑也不简单，不但头颅坚硬，而且包围脑子的骨骼松软，里面充满了气体，就像海绵一样；在外脑膜与脑髓间还有一层空隙，可以减弱震荡的力度；加上啄木鸟头部的肌肉发达，就使得啄木鸟的大脑犹如一台防震器，怎么啄也不会得脑震荡。

啄木鸟的舌头真是不简单，不但舌面有黏液，舌尖有短钩，而且像一根弹簧一样，可以弹出嘴巴12厘米远。

猫头鹰为什么晚上才出来？

广东省广州市惠福西路小学莫彤同学问：

猫头鹰为什么晚上才出来？

问题关注指数：★ ★ ★ ★

我说哥们儿，晚上出门太可怕了。

是啊，猫头鹰盯上咱们了。

在夜晚的森林里，猫头鹰就像一个侠客一样，独自巡视着它的领地，一旦有鼠辈出现，它就会以迅雷不及掩耳之势，从高空一掠而下。那么，猫头鹰为什么一定要在黑夜出来呢？

其实，猫头鹰在哪里出现，什么时候出现，主要是由它的对手决定的。就拿壁虎来说吧，它筑窝于屋檐下，是因为那里既便于躲藏，又可以抓到昆虫。如果大白天有超多的食物吃，猫头鹰肯定不会黑灯瞎火地出来。

所以，猫头鹰得根据它的猎物的活动规律来决定自己的活动时间。猫头鹰的主要食物是老鼠以及其他啮齿动物。老鼠在长期的演化过程中，逐渐养成了夜间觅食的习惯。这样一来，猫头鹰要抓到老鼠，也不得不跟着"入乡随俗"。

当然，猫头鹰也在不断地进化，它身上的不少特点特别适合它在夜间捕猎。除了视力佳、速度快以外，它的最大优点是飞行起来悄然无声，这是因为它的翅膀表面有浓密的绒毛，能够最大限度地减轻翅膀扑打带来的声响，而它羽毛的前后缘还有锯齿状结构，可以滤去飞行中的噪声。所有的这些特点都使得猫头鹰在黑夜中如鱼得水。

能够存活下来的动物一定是很好地适应了环境：青蛙在夜间出动，那是因为它们的食物——昆虫，是在晚上增多的；毛毛虫在春夏到处都是，那是因为它们的食物——树叶，正是茂盛的季节……

信鸽能从很远的地方飞回家为什么不会迷路？

陕西省西安市何家村小学杨丛菲同学问：

信鸽能从很远的地方飞回家为什么不会迷路？

问题关注指数：★★★★

养过信鸽的人都知道，鸽子是能够从很远的地方顺利地回到自己的家中的。因此，全国各地的信鸽协会每年都会组织各种比赛，大部分鸽子最后都能完好地返回出发地，只是速度有快慢而已。那么，鸽子为什么会有这种不迷路的本事呢？

原来，在鸽子的身上具有能够感知地球磁场变化的器官。经过研究，发现这个装置在鸽子的两只眼睛之间。假如在鸽子身上放一块小磁铁，那么，部分鸽子将无法正常回到家中，正是因为这块小磁铁破坏了鸽子对于地球磁场的认知。

不过，鸽子并不是仅仅依靠地球磁场来导航，鸽子还能够根据太阳所在的位置选择飞行方向，并依靠体内的生物钟对太阳的移动进行自动校正。这样，不管是晴天还是雨天，鸽子都可以利用地球的磁场或者太阳的位置来对自己的飞行路线进行正确的判断。

除此之外，人们还发现，气味对鸽子寻找正确的方向也有帮助。依靠身上的多种绝技，鸽子成为自古以来人们传递信息的重要方式。不过，之所以信鸽之间有比赛，是因为鸽子的认路和飞行能力还是有差别的。优秀的信鸽都是从小就受到严格的训练，而后一点儿一点儿地延长认路的距离的。假如你以为不需要训练，每只鸽子都有这种"通天"的本领的话，那就不符合实际了。

在太阳发生磁暴的时候，一些信鸽由于经验不够丰富、定性差而冲劲足，会发生迷路的情况，原因就是太阳磁暴干扰了正常的地球磁场。

鸡为什么吃小石子？

河南省安阳市红庙街小学王可凡同学问：

鸡为什么吃小石子？

问题关注指数：★★★★★

大家都知道，鸡是吃稻谷和麦粒的。不过，假如你仔细观察一下农村散养的鸡，就会发现东啄啄、西啄啄的鸡还会不时地寻找一些沙砾吃下去，难道这也是它们的食物吗？

当然不是。要弄清鸡吃小石子的原因，不妨去看一下鸡的嘴巴——里面居然没有牙齿。我们知道，牙齿的作用是在吞下食物之前，先把食物尽可能地嚼碎，以完成消化的第一道工序。食物就是通过消化器官一道道的加工工序，把食物磨细、磨碎，最终被身体吸收。

因此，鸡吃下的食物也会有这样一个"嚼碎"的过程。可惜的是，鸡没有牙齿无法咀嚼，怎么办呢？小石子就是它的工具。鸡吃下的小石子会存在鸡肫里。鸡肫除了有厚厚的肌肉包裹之外，还非常坚韧，内壁有一层厚而韧性十足的皮，可以抵抗磨损。来到鸡肫里的食物就在鸡肫的蠕动之下和里面的沙砾等不断摩擦，直到磨成碎糊状。

当然，鸡肫也不是孤军作战。食物在下来之前，还要在嗉囊和腺胃里储存一段时间，在那里软化一下，使下面的环节更容易一些。

鸡是鸟的一种，所以，除了鸡之外，其他鸟也有吃小石子的习性。只是因为鸡经常出现在我们身边，它的"怪脾气"才会引起我们的注意。

大人经常说，吃东西要细嚼慢咽，就是要我们尽量用牙齿嚼碎食物，这样就减轻了胃的负担，可以帮助胃更好地消化食物。因此，吃东西时不要狼吞虎咽。

为什么母鸡会下蛋，而公鸡就不会？

广东省普宁市流沙第一实验小学洪国栋同学问：

为什么母鸡会下蛋，而公鸡就不会？

问题关注指数：★ ★ ★ ★ ★

这个问题我小的时候也问过大人。大人的回答是：因为只有妈妈会生你，爸爸没这个本事。对于这个回答，我当时应该是似懂非懂的。蛋是什么？在英文里，不管大小动物，它们生下的蛋或者卵都叫egg。所以我们明白了，青蛙、蝴蝶产下的卵和母鸡生下的蛋是一回事，都是卵。

正因为都是卵，它只能在卵巢中发育，而卵巢是雌性动物身体的一部分，也是其生殖系统的主要部件之一。雌性生殖系统产生卵子，雄性生殖系统产生精子，这是自然界的普遍规律。所以，下蛋的活儿只能由母鸡来干了。

也许你会问，青蛙和蝴蝶产下的卵是水汪汪、软绵绵的，鸡蛋可是有硬硬的蛋壳的，它们真的是一样的吗？是的，它们的本质是完全一样的。只不过母鸡不像青蛙和蝴蝶妈妈，每次可以产很多卵，而且不是产在水里，就是产在树叶上。母鸡每次只下一个蛋，而且就下在地上。不但需要给它营养，而且还要保护好它，因此，就在卵的外面包了一层硬硬的壳。小鸡就像住在一座有食堂的房子里一样，既安全又安心，等到出壳的时候，原来的那个卵已经变成小鸡了。

虽然下蛋的任务是母鸡的，但是要孵出小鸡，公鸡也是有功劳的。能够孵化成小鸡的卵叫作受精卵，是公鸡和母鸡交配后，精子进入母鸡身体，在输卵管中和卵子结合形成的。假如公鸡和母鸡没有交配过，虽然母鸡也能够下蛋，但这些蛋却不是受精卵，即使花再多的时间，也不可能孵化出小鸡来。

鸡蛋为什么一头儿大，一头儿小？

陕西省西安市何家村小学杨旭同学问：

鸡蛋为什么一头儿大，一头儿小？

问题关注指数：★ ★ ★ ★ ★

是啊，仔细看看鸡蛋，还真是这么回事。那么，鸡蛋为什么会一头儿大，一头儿小呢？

这得从鸡蛋是如何形成的说起。前面我们已经提到过，鸡蛋是母鸡生产的卵，产生卵的器官被称为卵巢。生殖系统由卵巢、输卵管和子宫组成。卵是通过子宫收缩，从母鸡的泄殖腔排出来的。

卵巢里最初形成的只是鸡蛋里面的卵黄。卵黄形成以后，就通过连接卵巢的输卵管向下移动。这个移动的过程其实是靠输卵管管壁的肌肉收缩进行的。卵在被往下压的时候，输卵管的管壁会依次分泌蛋白、壳膜及主要由碳酸钙组成的卵壳，慢慢把卵黄包裹起来。等到卵完全进入子宫的时候，一个完整的鸡蛋就形成了。

由于卵本身是柔软的，因此当管壁挤压着它往下走的时候，后面的一头儿自然就向左右扩展；而前面的一头儿要从本来就很细的输卵管中找到出路，自然也就被挤成较细的一端。卵就这样一边被挤压着向下走，一边被蛋白、碳酸钙等包围起来。到蛋完全成形出现在子宫里的时候，就形成了一头儿大一头儿小的样子。

其实，不管是鸡蛋还是其他鸟蛋，虽然大小不一、形状不等，但总会有一头儿稍微尖一些。原因只有一个，那就是蛋是被慢慢挤下输卵管的。

蛋在从输卵管往下走的时候还是旋转的，这样就在鸡蛋的两端转出了两条系带，连着蛋黄。如果鸡蛋是受精卵，那么就会有胚盘出现在蛋黄上。由于重力关系，不管你怎样翻转鸡蛋，胚盘永远是朝上的，这样有利于胚胎的孵化。

鸡蛋没煮熟时为什么蛋黄是稀的？

广东省广州市惠福西路小学李莹莹同学问：

鸡蛋没煮熟时为什么蛋黄是稀的？

问题关注指数：★★★★

鸡蛋的结构主要是三层：外层是蛋壳，蛋壳里面是蛋白，蛋白里面是蛋黄。打开蛋壳，不管是蛋白还是蛋黄，生的时候都是稀的。我们先去看一下蛋白和蛋黄是些什么东西吧。

蛋白是蛋壳下面那些半流动的胶状物质，含有大量的蛋白质，主要是卵白蛋白。在蛋白的中间托着一个蛋黄，两头由系带连着。蛋黄的主要成分也是蛋白质，称为卵黄磷蛋白，还有对于人类非常有用的卵磷脂、维生素等。

通过上面的简短介绍，我们已经知道了，不管是蛋白还是蛋黄，它们的主要组成成分都是蛋白质。如果你有机会看看蛋白质的化学结构，就会了解它是由一条一条的肽链按照不同的次序链接起来的，肽链上是各种各样的氨基酸。蛋白质有一个特性，就是在高温条件下，其中的化学结构会发生变化，这种变化被称为变性。更重要的是，这种变化是不可逆的，也就是说，当恢复到常温的时候，蛋白蛋黄并不会从固体变回到液体。

在煮鸡蛋的过程中，蛋白蛋黄由于受到高温的作用，其中的蛋白质结构发生了改变，本来稀稠的蛋白蛋黄凝固起来了。如果鸡蛋没有煮熟，其中的蛋白质结构没有完全改变，那么蛋黄就会无法完全凝固，也就是我们通常所说的"稀"。

知识词典

有些人喜欢吃生鸡蛋，觉得鸡蛋煮熟后营养成分就被破坏了。其实，这个习惯并不好。首先，生鸡蛋带菌的可能性很高；其次，生鸡蛋的蛋白中含有抗生物素蛋白，影响人体对生物素的吸收。

为什么公鸡早上会叫
而母鸡却不叫呢?

陕西省西安市何家村小学张泽明同学问:

为什么公鸡早上会叫而母鸡却不叫呢?

问题关注指数: ★ ★ ★ ★ ★

鸡在生物学分类上属于鸟类,而鸟类的发声器官是特化了的气管,称为鸣管。鸣管管壁的内外侧是鸣膜,外侧还附着着肌肉。鸣管在振动和收缩时,鸟类就能发出声音。至于不同的声调,则是由位于喉门上的软骨来调节的。经过解剖学的观察,发现公鸡和母鸡的鸣管并无明显差异。这就说明,公鸡打鸣和母鸡的"咯咯咯"叫,并不是由于发声器官的不同,而应该是性别的不同形成的功能差异。

那么,公鸡打鸣有什么功能呢?我们知道,家鸡的祖先是原鸡,而原鸡是一种区域性极强的动物,也就是说,它们是需要一大块地方的。另外,在原鸡的领地内,一只强势的雄性控制着一群雌性。因此,雄性需要用一定的方法宣示自己的领地,同时向其他雄性强调自己的领导地位。在这种情况下,动物会用不同的方法来表达,公鸡选择了打鸣。公鸡的眼睛在夜间是看不到东西的,既然看不见,打鸣也就没什么意义了,谁知道暗处是不是有别的动物正准备攻击它,打鸣岂不是暴露了自己的位置吗?

时间转到清晨,公鸡又能看见了,它能不欢呼吗?它能不重新向世界宣告它的存在吗?而它宣告的方式就是打鸣。

以上的解释并不是公鸡告诉我们的,而是人们根据公鸡的行为做出的猜测。如果真要知道公鸡是怎么想的,那恐怕要等到哪一天人类破解了鸡的语言,我们才能明白了。

大雁为什么要飞成"一"或"人"字形？

湖北省枝江市姚家港小学李安琪同学问：

大雁为什么要飞成"一"或"人"字形？

问题关注指数：★★★★

在秋去冬来的日子里，我们常常会看见天上有大雁飞过。非常稀奇的是，大雁群并不是乱糟糟地朝南飞，而是排成"一"或者"人"字的队形，非常有序。大雁为什么要这样飞呢？

大雁的老家在遥远的西伯利亚，在冬天来到之前，它们开始向南飞。因为整个飞行距离十分长，因此，节省体力是非常重要的。通过观察我们发现，大雁在飞行过程中，除了扇动翅膀外，还有相当长的时间是在空中滑翔的，它们是在利用上升的气流呢。

由于前面的大雁在扇动翅膀时，会在翅尖处形成一股上升的气流，因此，后面的大雁只要靠近那里，就可以被上升气流自然托住。后面的大雁一个接一个地靠近前面大雁翅膀的斜后方位置，就形成了"一"或者"人"字形的队伍。靠着这股上升气流，后面的大雁飞起来就轻松多了。大雁这样排队还有一个好处是可以保护自己。一方面，整齐的队伍使得大家飞起来可以互相照应；另一方面，一旦有敌人来袭，队伍可以迅速散开。靠着这样的团队精神，大雁才能够每年飞行那么长的距离，从南到北，再从北到南。

知识词典

有些家在北方的鸟一到冬天就要飞去南方过冬，春天再飞回来，这些季节性飞来飞去的鸟就叫候鸟。当然，留在北方过冬的鸟也有，叫作留鸟。

为什么鹦鹉能说话？

湖北省枝江市姚家港小学吕运闯同学问：

为什么鹦鹉能说话？

问题关注指数：★ ★ ★ ★

你欺负我。

你欺负我。

有一个成语叫"鹦鹉学舌"，比喻一个人不动脑子，别人说什么他也跟着说什么。这就清楚地表明了，鹦鹉的"会说话"，其实是一种模仿能力，而不是这种鸟真的能说话。

鹦鹉为什么会有这么强的模仿能力呢？原来，在鹦鹉的鸣管上包裹着非常发达的肌肉，称为鸣肌。鸣肌有节奏的振动能够带来各种复杂的声音。这还不算，鹦鹉的舌头还不一般，一方面它的舌根极其发达，另一方面它的舌尖细长柔软而且灵活。当鹦鹉在鸣肌的振动下发出声音时，灵活的舌头巧妙地转来转去，就可以配合发出各种婉转的音节。

需要说明的是，鹦鹉不但模仿力超强，它的记忆力也是不一般的。人们之所以能够教会鹦鹉说话，就是利用了它极强的模仿能力和记忆能力，再配合动物固有的条件反射能力。通过不断的重复刺激，鹦鹉就能够一句一句地学会简单的人类语言了。

由于鹦鹉学说话纯粹是模仿形成的，根本不懂得语言的真正含意，因此完全有可能在不同的场合乱说一气。

开心驿站

教鹦鹉说话得有十足的耐心，必须充分利用动物的条件反射特点。比如早晨在它肚子饿的情况下，反复教它同一句话，等它完全学会后给予奖励，然后教下一句。

为什么鹤用一只脚站立？

广东省广州市惠福西路小学郭学蒙同学问：

为什么鹤用一只脚站立？

问题关注指数：★ ★ ★ ★ ★

当我们去动物园的时候，经常会在湖边看到丹顶鹤等鸟儿用一只脚站在那儿。那么，鸟儿为什么要这么做呢？难道它们不累吗？

事实恰恰相反，它们不但不累，而且还很惬意呢，因为这是鸟儿在休息。

当鸟儿用一只脚站立的时候，不会像平时那样用嘴东啄西啄，而是特别安静。那只没有出现的脚，此时被收在翅膀下。站立一段时间后，鸟儿会换一只脚，继续表演"金鸡独立"。

也许你会感到奇怪，但事实上，你自己平时也是这样做的，只不过没有表现出抬起一条腿的夸张姿势，而是交换你的支撑腿。当你站立休息的时候，你一定会把自己的身体重心放在某一条腿上。过了一段时间，你会不自觉地换个姿势，那时候，身体的重心就放在另一条腿上面了。如果你因为某件事情专注了很长时间，当你想换腿的时候，会发现那条支撑腿已经发麻了。

这些鸟儿之所以这么站着休息，一方面可以节省能量，因为收起的那只脚藏在翅膀下面，热量的流失就会减少；另一方面也准备随时开溜，因为不管是在滩涂还是岸边，都有可能突然出现捕猎者，保持身体的站立姿势，可以快速应付突发事件。

很多鸟儿都会单脚站立这一招儿，所以古人创造了"金鸡独立"这一成语，用来表示单腿站立。我国的传统武术中也有"金鸡独立"这一招式。你可以和同学试试，看看自己能够"金鸡独立"多长时间，你就会对鸟儿又多了一分佩服了。

鸟为什么会飞?

河南省安阳市红庙街小学王欣怡同学问:

鸟为什么会飞?

问题关注指数: ★ ★ ★ ★

你跑什么? 有本事下来打。

你有本事飞起来给我看看。

"鲲鹏展翅九万里,翻动扶摇羊角。背负青天朝下看,都是人间城郭。"多么气势磅礴的诗句! 可是,鸟为什么能够在高高的天上飞呢? 它到底有什么特别的地方呢?

首先,鸟是恒温动物,如果不是这样的话,那么即使飞起来也只能是低空飞行。因为对于变温动物来说,一旦飞到高空,周围的低温就会让它们受不了。

其次,鸟的骨骼非常特殊,特别是胸骨上有高耸的龙骨突,让强大的肌肉有了生存的地方。所有骨骼不但坚韧,而且又薄又轻,因为长骨是空心的,里面充满着空气。解剖学研究还告诉我们,鸟的头骨中所有骨片间的缝已经愈合在一起,其中还有蜂窝状的空气小腔。另外,身体各部位的骨椎也尽量愈合起来,这样,鸟就减轻了重量,更有利于飞行。

第三,鸟的身体上覆盖着轻柔的羽毛,不但具有保温作用,而且呈流线型分布,使得飞行中受到的空气阻力达到最小。

第四,鸟能够飞起来,还有赖于它的飞行器官——翅膀。翅膀上飞羽的排列是很讲究的。当翅膀向上抬起时,空气可自由通过各飞羽间的空隙,从而产生向上的托力,帮助鸟儿升空;而当翅膀收起下降时,飞羽形成一个羽面,产生很大的阻力,帮助鸟儿降落。翅膀不断地上下扇动,就会产生巨大的下压抵抗力,从而使鸟快速地向前飞行和向上爬升。

联想快车

为了更好地降低飞行时的负担,鸟类没有膀胱,直肠也很短,几乎不储存尿液和粪便。

为什么人不能像鸟一样飞？

河南省安阳市红庙街小学赵正同学问：

为什么人不能像鸟一样飞？

问题关注指数：★★★★★

假如我们也能像鸟儿一样飞，那该有多好啊。想去哪儿，飞过去就得了。可是，这毕竟只是梦想。那么，人类为什么不能飞呢？

首先，人类没有翅膀。可能有同学会说，那就安一对假翅膀吧，这当然是可以的，问题是假翅膀没法儿扇动啊；那就装个电动的吧，这倒是个好主意，但即使这样上了天，也会因为周围气温太低而被冻死。

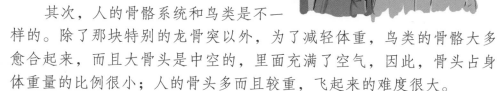

其次，人的骨骼系统和鸟类是不一样的。除了那块特别的龙骨突以外，为了减轻体重，鸟类的骨骼大多愈合起来，而且大骨头是中空的，里面充满了空气，因此，骨头占身体重量的比例很小；人的骨头多而且较重，飞起来的难度很大。

最后，人身上没有保温的羽毛。鸟儿飞得越高，周围的气温就越低，如果没有羽毛的保温，鸟儿就会被冻僵，那还怎么飞啊。人即使穿着最保温的棉袄，在寒冷的高原地区也最多不被冻僵罢了，还要优雅地展翅高飞，实在是太难了。

总之，鸟儿在天上飞，其实是大自然演化的一种结果。作为哺乳动物的人类，还是老老实实地在地上待着吧。毕竟，我们还可以借助飞机上天呢。

古人其实也梦想着能够像鸟一样在天上飞翔。为此，有的人在身上插翅膀，有的人在身上粘羽毛，不过都没有飞起来。因为光有人造的翅膀或羽毛，没有身体其他部分的配合，是不可能飞起来的。所以，后人希望借助机器飞上天，飞机就是在这样的梦想中诞生的。

为什么雄企鹅会生小宝宝呢?

湖北省枝江市姚家港小学吕运闯同学问:

为什么雄企鹅会生小宝宝呢?

问题关注指数: ★ ★ ★ ★

一家人怎么说两家话呢!

孩子他爸,你辛苦了。

企鹅爸爸会孵化小宝宝,这当然是真的。不过,企鹅爸爸会孵化小宝宝,并不见得小宝宝就是企鹅爸爸生的呀!

有人一定会提出疑问:你看人家母鸡下蛋以后,就把蛋放在身体下面。既然孵蛋的是企鹅爸爸,那么蛋就是企鹅爸爸生的。

听起来似乎很有道理,不过事实却不是这样的。我们知道,有些种类的企鹅栖息在冰天雪地的南极。而孵化和养育小企鹅的工作,却要持续好几个月。企鹅爸爸为企鹅妈妈分担孵化工作,也是很伟大的呢!

通常,企鹅妈妈在生蛋以后,会将蛋交给企鹅爸爸。企鹅爸爸就把蛋放到脚上,用它肚子上温暖的皮毛盖住。而企鹅妈妈呢,就去海里吃东西去了。10多天后,企鹅妈妈会回来替换企鹅爸爸,双方就这样交替着孵化企鹅宝宝。然而,帝企鹅却是个例外。由于帝企鹅妈妈出去找食的时间很长,因此在60多天的孵化期内,都是企鹅爸爸在坚守。因为孵化的时候没法儿吃东西,完全是靠消耗自己体内的脂肪来维持,所以,等到小宝宝从蛋壳里出来的时候,企鹅爸爸的体重会减少三分之一左右。接下来的哺育工作,就交给了帝企鹅妈妈。而帝企鹅爸爸这时就可以到海中去大吃一顿了。

企鹅爸爸帮着企鹅妈妈养育孩子,可是有的鸟妈妈却啥也不管,甚至把孩子丢给别的鸟去孵化和喂养。杜鹃鸟在快要产蛋的时候,会偷偷找到画眉或者苇莺的巢,把蛋生在里面。因为看上去差不多,画眉妈妈或苇莺妈妈会以为是自己的孩子,于是帮着杜鹃鸟孵蛋。

鸟儿为什么生活在树上？

陕西省西安市何家村小学张楠同学问：

鸟儿为什么生活在树上？

问题关注指数：★ ★ ★ ★

是的，是有很多鸟住在树上。不过，还有很多鸟不是住在树上的。

有些鸟是以水为家的，它们大部分时间都在水里度过，我们熟悉的鸳鸯和鸭子就是。如果让这些鸟上树，它们多半很不乐意，而且还特别困难。

同样，也有一些鸟是住在悬崖峭壁上的，很多海鸟就是这样。它们在悬崖上筑巢、产卵、孵化孩子，一点儿也不觉得有什么难的。还有一些鸟喜欢在住家的屋檐下安家，比如家燕。

那么，鸟儿为什么要选择不同的地

方来生活呢？这主要是考虑到取食是否方便以及是否安全。就拿住在树上的大多数鸟儿来说吧，在高高的树上，它们可以很放心地避开地面上那些凶恶的食肉动物，无论是睡觉、产蛋、孵化都十分安全。而当它们肚子饿了的时候，拍拍翅膀就可以飞出去，实在是太方便了。

住在悬崖边的鸟就更安全了，它们可能斗不过其他凶恶的动物，但惹不起躲得起啊！谁高兴爬到悬崖上和它们玩儿命呢？

滩涂上也生活着一些特别的鸟，这些鸟腿长、脖子长、嘴巴长，叫作涉禽。涉禽在烂泥地里生活，是因为滩涂上有许多贝壳类的食物可以供给它们吃。

鸟为什么会叫？

陕西省西安市何家村小学周方兴同学问：

鸟为什么会叫？

问题关注指数：★★★★★

动物会叫，是因为有发声器官。鸟类的发声器官是特化了的气管，称为鸣管。鸣管管壁的内外侧是鸣膜，外侧还附着着肌肉。随着鸣管的振动和收缩，鸟就发出叫声了。那么，鸟为什么要叫呢？

鸣叫是鸟儿表达情感的一种方式。鸟儿通过各种叫声与外界进行交流，不同的声音代表不同的意思。比如到了繁殖期，雄鸟除了展示漂亮的羽毛和强健的体魄外，也会用婉转动听的叫声来显示自己的魅力，以吸引雌性的注意。又比如到了孵化期，对于任何企图靠近巢穴的家伙，鸟儿会用愤怒的叫声来驱赶对方。

有些鸟属于比较有心机的，它们会通过模仿其他动物的叫声或者自然环境中的水声等吸引小动物前来。但大多数鸟的叫声只是一种自然情感的流露，比如清晨的鸟叫。

很多人都知道，清晨是鸟儿最欢快的时候。许多养鸟爱好者会在那时带着鸟儿来到公园里，然后掀开鸟笼上遮盖着的布帘。过不多久，鸟儿就开始歌唱起来。常常是各种声调抑扬顿挫、此起彼伏。鸟儿之所以在清晨如此兴奋，是因为它们在夜间无法看清东西，总是惴惴不安。当晨曦微露时，鸟儿又看得见外面的世界了，自然非常兴奋，于是就开始鸣叫了。久而久之，这种习性保存了下来。

和大多数鸟儿不一样的是，猫头鹰是在晚上叫的，因为它能够在黑夜里看清东西。由于黑夜里的声音比较恐怖，所以在有些地方，人们听到猫头鹰叫，会觉得不太吉利。其实，猫头鹰可是好鸟，它的主要食物是老鼠呢！

鸟儿飞行时为什么要收起双脚?

广东省普宁市流沙第一实验小学丽萍同学问:

鸟儿飞行时为什么要收起双脚?

问题关注指数: ★ ★ ★ ★

不错,鸟儿在飞行的时候确实要收起它的双脚。大多数情况下,双脚收起之后是向后方伸展的。要问鸟儿为什么这么做,其实也简单,为了更容易飞行嘛。因为双脚收起来以后,整个身体能成为一个流线型,飞行的时候受到的空气阻力最小。

你能不甩手跑吗?

你能把脚放下来飞吗?

同样的情况我们在水生动物中也能够发现,最明显的就是鱼。鱼在游泳的时候,整个身体是流线型的。本来应该长脚的地方变成了鱼鳍,尾巴也变成了尾鳍,这样它们就不需要把脚收起来。而那些祖先在陆地后来又到水里生活的哺乳动物,为了适应游泳时阻力最小的要求,也对自己的身体结构进行了改造,让自己变成了鱼的模样。

但是,如果一种动物不是完全在水里生活,还要在一定的时间上岸,那么它就仍然需要保留自己的脚,比如青蛙、海龟等。这些动物在水里游泳的时候,双脚先是用力划拉,然后向后伸展,让自己的身体成为流线型,也是为了使自己前进时受到的阻力最小。

鸟儿是非常聪明的动物,它们明白飞翔需要能量,因此能节约就尽量节约。像大雁在空中会排成"人"字或者"一"字形,就是为了充分利用气流。而不少鸟儿运用气流滑翔,也是要节约能量。从这些事实来看,鸟儿在飞行时把脚收起来是一个非常自然而然的动作——它没必要跟自己过不去呀!

联想快车

飞机起飞的时候也会把身上的"脚"——起落架收起来,等到要降落的时候再放下来。这和鸟儿在飞行时收起脚,到降落时再放下是一样的道理。

青蛙小时候为什么是小蝌蚪？

陕西省西安市何家村小学王艺喆同学问：

青蛙小时候为什么是小蝌蚪？

问题关注指数：★ ★ ★ ★ ★

别跑呀，我是你们的妈妈！

骗子！你和我们一点儿也不像。

是啊，大老鼠小时候是小老鼠，为什么青蛙小时候却是小蝌蚪呢？要弄清楚这个问题，先要学习一些基本概念。

我们生活的这个世界，不管是植物还是动物，它们的发展都是从低等向高等演化的，其中有一条就是从水生到陆生。青蛙，恰恰代表了动物从水生向陆生演化的一个过渡类型，叫作两栖类。

青蛙生下的是卵，这些卵必须在水里才能发育长大。卵发育以后就变成了小蝌蚪。小蝌蚪像鱼一样，是用鳃呼吸的，所以只能生活在水里。等到小蝌蚪的尾巴慢慢变短脱落，四肢长出来以后，小蝌蚪就变成小青蛙了。小青蛙是用肺呼吸的，它可以离开水里到陆地上来生活。从用鳃呼吸的小蝌蚪变成用肺呼吸的小青蛙，它完成了一次伟大的飞跃，生物学叫作变态发育。

从以上的描述我们可以看出，青蛙比鱼高级，但是比乌龟、蛇低级。因为鱼是完全用鳃呼吸的，所以绝对不能离开水生活；而乌龟、蛇是完全用肺呼吸的，绝对不能一直闷在水里。看到这里，也许有同学要问，鲸是高级哺乳动物，它怎么在水里生活呢？这是因为，有些动物在进化完成以后，由于受到食物、环境等多种因素的影响，觉得水里生活更自在，于是又返回水里。虽然它们因此需要演化出适应水中生活的身体结构，比如打水的尾巴，但是，用肺呼吸和哺乳的特征是不会变的。

有不少昆虫是完全变态发育的，它们的孩子和父母是完全不一样的。比如蝴蝶的孩子是毛毛虫。谁能想到，毛毛虫在经历一系列复杂的演化之后，最终变成了美丽的蝴蝶呢！

为什么壁虎的尾巴掉了
会再长出来呢?

河南省安阳市红庙街小学王可凡同学问:

为什么壁虎的尾巴掉了会再长出来呢?

问题关注指数: ★★★★★

如果你有机会亲手抓一只壁虎,多半会发生这样的情况:手上只拿到了一条壁虎尾巴,而壁虎却已经逃之夭夭。正当你为那只壁虎即将变成一只残疾壁虎而惋惜时,动物学家却告诉你,别杞人忧天啦,人家壁虎会长出一条新尾巴来的。这是怎么回事呢?为什么壁虎的尾巴掉了还能再长出来呢?

这就得去看壁虎尾巴的构造了。壁虎的尾巴是一根尾椎骨,这根尾椎骨分成前后两个部分,当中并不是完全连在一起的。一旦壁虎受到外界的刺激,这个位置的前后肌肉就会出现强烈的收缩,随后自动切断一截尾巴。这种现象叫作自残。

壁虎自残部位的细胞,始终保持着非常旺盛的增殖和分化能力。也就是说,一旦这个地方脱落,大量细胞就会像接到命令一般,立刻行动起来,为生产新的尾巴做准备。壁虎的这种自残本领,主要是为了对付自然界中的捕食者。许多蜥蜴、蛇、鸟,都看上了壁虎,总想把它吃掉。在如此恶劣的环境条件下,壁虎一方面要出去找虫子吃;一方面还要防止捕食者突然蹿出来吃掉它,于是,慢慢演化出了掉尾巴这种方式。当对手抓到一条扭来扭去的尾巴时,谁会想到它的主人已经不见了呢?话又说回来,假如尾巴掉了无法重新长出来,那也就没什么稀奇了。所以,自残部位的细胞可以高速分化,是壁虎能够轻松甩掉尾巴的保障。

除了壁虎,还有不少蜥蜴也是会掉尾巴的。假如你想亲手抓一条蜥蜴,一定要注意自己的出手。除了快速,还应在它身体的前部下手。

43

变色龙为什么会变色呢？它的眼睛为什么可以一个看前，一个看后？

陕西省西安市何家村小学吕思昱同学问：

变色龙为什么会变色呢？它的眼睛为什么可以一个看前，一个看后？

问题关注指数：★★★★

变色龙的学名叫避役，主要生活在非洲的马达加斯加、非洲大陆和亚洲的热带地区。变色龙有许多奇特的本领，变色就是其中之一。

研究表明，变色龙的皮肤会随着背景、温度、湿度以及自己的心情变化而变化。为了和同伴争夺地盘，雄性变色龙会将暗黑的保护色变成明亮的颜色；为了让那些对自己虎视眈眈的敌人放弃尝试的念头，变色龙会把自己的身体变成红色；而一旦对手极其棘手，变色龙还会把自己的身体和周围的环境彻底融为一体。

变色龙的这种本领，源于其表皮和真皮之间的色素细胞。这些色素细胞不但能够聚集和分散，而且可以通过不同的搭配互相作用，使得变色龙变成一个五彩缤纷的另类。

变色龙的一双眼睛也是它的独门武器。这两只凸出的眼睛十分奇特，不但可以看到左右180度内的物体，还能够上下自如地转动。更神奇的是，这两只眼睛是可以各自独立活动的。由于长在头的两侧，只要这两只眼睛一只看前面，一只看后面，那么周围的一切变化就会尽收眼底。这种奇怪的眼睛是变色龙长期进化的结果。

变色龙的另一个绝技是长舌头。它的舌头平时是折叠起来藏在嘴巴里的，上面有黏液。当它发现远处的猎物时，能够把舌头像箭一样从嘴里射出去，用黏液粘住猎物后再返回嘴里，整个过程不到1秒钟。

乌龟为什么能活那么多年?

陕西省西安市何家村小学郝佳铮同学问:

乌龟为什么能活那么多年?

问题关注指数: ★★★★★

　　1766年,一位法国探险者在非洲的塞舌尔群岛买了一只陆龟,并把它带到了毛里求斯,送给了当地的守备队。1810年,英国人占领了毛里求斯,得到了这只陆龟。1908年,这只陆龟瞎了眼睛,10年后意外遭枪击死亡。此时距法国人得到它已经152年了。而法国人得到它的时候,这只陆龟已经成年了。这只陆龟因此占据了最年长乌龟的吉尼斯世界纪录。事实上,在我们周围流传着许多乌龟长寿的故事,有些地方甚至有"千年王八万年龟"的说法。那么,乌龟为什么能够做到这一点呢?

　　首先,乌龟的新陈代谢极其缓慢。乌龟是冷血动物,冬天需要冬眠,有些乌龟在夏天的时候还会夏眠,总之是环境不舒服了就睡觉,少吃点无所谓。这么慢的生活节奏,乌龟的生命自然得到了延长。

　　其次,科学家发现,长寿的乌龟,其身体里的细胞分裂代数,比不长寿的乌龟或者其他动物要多。我们都知道,身体里的细胞分裂停止了,生命也就到头了。长寿乌龟的细胞分裂更长久,自然也就更长寿。

　　最后,不同种类的乌龟之间也是有差异的,与肉食和杂食的种类相比,素食的乌龟更长寿。

　　农村里有不少人家在翻盖老房子时会发现下面有活着的乌龟,那是老一辈在盖房子时埋下去的。

鳄鱼会流眼泪吗？

陕西省西安市何家村小学吴磊同学问：

鳄鱼会流眼泪吗？

问题关注指数：★★★★★

你这个伪君子，吃就吃了，还要哭！

我哪有空哭啊！这不是太咸了嘛！

当人们形容一个人虚伪的时候，会说他是"鳄鱼的眼泪"。据说鳄鱼一边吃猎物，一边假惺惺地流眼泪，这不是虚伪是什么？

不过，我们的眼泪是从泪腺里流出来的，鳄鱼的"眼泪"却是从眼睛边上的另一个通道里流出来的，这个通道不是泪腺，而是盐腺。这么说来，鳄鱼流出来的不是眼泪，而是盐水。

鳄鱼之所以要通过盐腺来分泌多余的盐分，主要是因为它的肾脏功能不够好，排泄盐分的本领不够强。鳄鱼的肾脏排泄功能比较差，当它完成喝水、捕猎之后，血液里多余的盐分就需要找个出口排泄掉。于是密密麻麻的小管子就和血管交汇在一起，把多余的盐分分离出来，再汇集到一根总管里去，然后从盐腺的开口处排出来。碰巧的是，鳄鱼的盐腺正好处在眼睛边上。于是，我们就会看到凶猛的鳄鱼假惺惺地"流眼泪"。

其实，因为生活环境的关系，很多海洋动物的身上也有盐腺：海龟的盐腺位于眼睛的后上方；海鬣蜥的盐腺长在鼻子的嗅囊外面；海蛇的盐腺则长在舌头下面。

如果你接着问：鳄鱼又不是海洋动物，没有必要长盐腺啊。除了鳄鱼的肾脏功能确实不够强大以外，另一个可能的原因是：它本来就是从海里出来的。

联想快车

海水中的盐度很高，可是我们平时吃海鲜却没有非常咸的感觉。原因就是海洋动物身上自带着"海水淡化器"，能够把进入身体里的盐分去掉。

蜥蜴是恐龙的后代吗？

广东省广州市惠福西路小学马超颖同学问：

蜥蜴是恐龙的后代吗？

问题关注指数：★★★★★

对照古生物学家拼装起来的恐龙模型，我们可以发现，有不少现代爬行动物和恐龙有着千丝万缕的联系，比如各种各样的蜥蜴。所以，我们的脑海中会出现"蜥蜴会不会是恐龙的后代"这样的疑问。此外，还有一些人认为，鳄鱼是恐龙的后代。

科学家和我们一样，也对这个问题有很大的兴趣。19世纪英国著名生物学家赫胥黎在一次吃火鸡时发现，火鸡的骨骼结构和恐龙很像。当时他就想，恐龙会不会是火鸡的祖先呢？这就是鸟类的"恐龙起源说"。

19世纪，人们挖到了始祖鸟的化石，这种动物的骨骼特征和一种早期的肉食恐龙很像，这给了相信恐龙是鸟类祖先的人们一点儿佐证。不过时间上有点不太合拍，因为这种肉食恐龙的生活时代居然比始祖鸟还要晚，哪有孙子比爷爷先出生的道理。

> 喂！你是我的第100万代孙子吗？

> 搞什么搞，我和你是平辈的。

终于，到了2000年，美国科学家找到了一具非常完整的该种恐龙化石，测定的生存年代在1.5亿年前，与始祖鸟是同一个时代。

在这前后，我国科学家在辽西找到了不少身上长着羽毛的恐龙化石，为鸟类的"恐龙起源说"提供了更强有力的证据。

至于蜥蜴，它们与鳄鱼一样，是和恐龙同时代出现的，应该属于表兄弟或堂姐妹这层关系吧。

刨根问底

上面的说法只是一个假说，并不是结论。其实科学研究就是这样，先提出一个问题，然后想各种办法解决。在到达终点之前，一定会有各种各样的说法。当然，每一种说法都要想法找到证据，空口说白话是不行的。

可以让恐龙复活吗？

广东省广州市惠福西路小学夏康华同学问：

可以让恐龙复活吗？

问题关注指数：★★★★★

看过电影《侏罗纪公园》的同学，一定会被影片中的恐龙所震撼。那么，你是不是也会产生这样的想法：恐龙还会复活吗？

也许有的人会说"不可能"。但科学家却说"没有不可能"，因为他们找到了复活恐龙的希望：琥珀。

我们都知道，松树等植物会分泌树脂。如果一些小动物非常不巧地粘到了树脂，那可就跑不掉了。树脂会不断地滴下来，把小动物完全包住。几十万年，几百万年，甚至几千万年后就变成了琥珀。由于生物被树脂封闭后产生了脱水，而树脂又具有很强的抗生素作用，因此琥珀中保存的一部分生物结构是很稳定的。

请你想象一下：有一只中生代的蚊子曾经吸取了恐龙身上的血液，而它又恰巧被树脂包住形成了琥珀。那么，我们是不是就有希望从蚊子身上获取恐龙血液的DNA呢？是不是就可以得到相应的遗传基因了呢？有了这些基础，再通过现代生物工程技术，我们就能够获得恐龙血液的全部遗传基因。

困难虽然不小，但希望可是实打实地摆在那里的。或许几十年或者几百年后，随着科学技术的进步，恐龙又会出现在地球上。

开心驿站

有不少恐龙，光听名字就知道它们有多厉害了：超龙、巨龙。还有一种更大的恐龙名叫地震龙，身长50多米，走起路来地动山摇，好像地震一样。

恐龙为什么这么晚才被发现？

广东省广州市惠福西路小学许美诗同学问：

恐龙为什么这么晚才被发现？

问题关注指数：★★★★

1822年，英国医生曼特尔先生和他的夫人来到萨塞克斯郡的乡间。因为当地正在筑路，路两旁堆着不少石材。无意间，曼特尔夫人发现了一颗牙齿的化石，便好奇地拿起来看。曼特尔医生是个业余古生物爱好者，于是他就拿过来检查。不料，他怎么看也看不出牙齿的主人是谁。曼特尔医生通过查阅大量资料，将这种动物命名为"禽龙"，恐龙被发现了。

唉！我这么大的个子躺在这里，你们怎么就看不见呢？

现在我们已经知道，有些恐龙比大象还要大。这就奇怪了，这么大的动物，这么多的化石，为什么直到19世纪才被人们发现呢？

其实原因再简单不过了。中国有句老话叫"见怪不怪"。想当初，云南禄丰的一些老百姓用很大的动物脊椎骨当油灯灯座，哪知道灯座的主人就是恐龙呢！当然，最主要的原因还是因为人有思维定式，总以为这是大型哺乳动物的化石。大家不敢想象，这个世界上居然有几十米长、几十吨重的动物出现过。正是由于所有的人都熟视无睹，才使得恐龙直到1822年才被曼特尔医生发现。其实，曼特尔医生发现恐龙并不奇怪，因为他不仅是个医生，同时也是一个爱刨根问底的古生物爱好者。

在曼特尔医生之前，就有人发现过恐龙化石。不过人们认为这些巨大的骸骨是古代"巨人"留下来的。

极地怎么也会有恐龙？

陕西省西安市何家村小学宓志君同学问：

极地怎么也会有恐龙？

问题关注指数：★ ★ ★ ★

恐龙刚被发现的时候还是很稀奇的。不过，随着世界各地不断有各种恐龙化石出土，我们发现，其实全世界大部分地方都是有过恐龙的。最叫人吃惊的是，在南极、北极这些气候恶劣的地方也发现了恐龙化石。这就更让人百思不得其解了：恐龙不是爬行动物吗？爬行动物不是冷血动物吗？待在这么冷的地方，它们又是如何度过漫长的寒冬的呢？

如果你了解当时的地理情况就不会感到吃惊了。因为在恐龙刚刚出现的时候，南极大陆和澳洲大陆以及亚欧大陆都是连在一块儿的，恐龙想去哪儿就去哪儿。夏季的时候，北极有连续几个月的大白天，植物生长迅速。于是，植食恐龙，尤其是大型恐龙就在夏季迁徙到北极，尽情享用大自然的赏赐。当然，在冬天来临之前，恐龙都会及时地撤出来，以免遭到严冬的打击。

至于南极，当时并不在现在的位置上，还不算太冷，恐龙完全可以在那里过日子。后来，由于大陆漂移的关系，南极和其他大陆分开了，气候越来越冷，恐龙自然也就没法儿在南极生存了。

很多人猜测，其实在极地的冰层下面一定还埋着更多的恐龙化石，只是我们无法发现而已。你说呢？

当极地发现恐龙化石的消息传出来以后，那些一直坚持恐龙是温血动物的科学家乐坏了。他们说，看见了吗？恐龙要不是温血动物，怎么可能在冰天雪地里生活呢？这话到底对不对，请你自己判断一下。

是陨石打死了恐龙吗？

广东省广州市惠福西路小学黎宇驰同学问：

是陨石打死了恐龙吗？

问题关注指数：★★★★★

前面已经说过，一些天文学家认为，恐龙之所以灭绝，是因为一块巨大的陨石撞击了地球。现在，就让我带你去看看科学家为什么要这么说吧。

众所周知，这么大的陨石砸在地球上，一定会有一个很大很大的陨石坑。所以，大伙儿先得找到这个大坑。

功夫不负有心人。1991年，科学家在中美洲的尤卡坦半岛找到了一个陨石坑，距今6500万年，正是恐龙灭绝的年代，直径有几十千米。这个坑内含有高浓度的金属铱，如此浓度的金属铱只有在天外陨石中才可以找到。事实告诉我们，这块陨石很可能就是恐龙灭绝的罪魁祸首。

于是，一个中生代末期的大场景诞生了：6500万年前，一颗直径10千米左右的小行星一不小心撞到了地球，撞击产生的尘埃布满了整个地球上空，遮天蔽日十余年。我们都知道，地球上的植物是靠阳光生存的。现在，阳光被尘埃完全挡住了，植物根本无法进行光合作用，慢慢地死掉了。没有了植物，植食恐龙率先遭殃，接下来倒霉的是肉食恐龙。最后，整个恐龙家族就灭绝了。

话又说回来，这只是一种猜测，因为还有一些关键的事实不能让人信服，有待人们进一步研究。

知识词典

地层是地质学上的一个名词，代表某一个时间的地质情况。我们之所以说恐龙是在6500万年前灭绝的，是因为在那个年代以后的地层里，人们就再也找不到恐龙化石了。

大小恐龙谁吃谁?

陕西省西安市何家村小学李苁子同学问:

大小恐龙谁吃谁?

问题关注指数: ★ ★ ★ ★

看来今天是跑不掉了。

兄弟们快追,我已经闻到肉味啦!

我们常说,不要以大欺小。那么,在恐龙王国里是不是也有"以大欺小"的情况呢?

不是的。事实恰好相反,如果我们回到6500多万年前,看到的应该是这样一幅场景:成群的大恐龙在前面拼命地逃,而成群的小恐龙则在后面拼命地追。为什么会发生这种怪事呢?原来,植食性恐龙一般体形较大,而肉食性恐龙通常体形较小。由于那时候地球上的其他动物实在太小,肉食性恐龙好不容易抓住一个还不够自己塞牙缝儿呢。于是,它们只好向同类开刀,毕竟抓住一只大恐龙就够大伙儿美美地饱餐一顿了。有的植食性恐龙为了保护自己,身上演化出了一些自卫的武器,比如剑龙身上的剑板、甲龙身上的盔甲等等。肉食性恐龙要咬到它们先得费上一番功夫。不过,这些装备只能吓唬吓唬那些小角色,遇到真正厉害的还是三十六计,逃为上计。

正因如此,那些大恐龙名字听起来往往有点唬人,比如超龙、地震龙。而真正厉害的角色虽然个子不大,却被叫作"霸王龙"。

小动物追击大动物这种事情其实每天都在自然界发生。仔细研究你就会发现:食草动物大部分都是大动物,比如大象、河马、犀牛、长颈鹿等;而食肉动物大部分个子都不大,比如虎、豹等。即使是最大的狮子也比大象小很多呢!

蛇为什么老伸出舌头？

广东省普宁市流沙第一实验小学方涛同学问：

蛇为什么老伸出舌头？

问题关注指数：★★★★★

很多人看到蛇都会有一种恐惧感。除了害怕被蛇咬以外，蛇那条时不时吐出来的舌头，更是叫人胆战心惊。那么，蛇为什么老是伸出舌头，它是不是随时准备攻击我们呢？

我们人的舌头上，分布着不同的味蕾，主要是用来辨别食物的味道，也帮助牙齿搅拌食物，方便进行咀嚼。但蛇的舌头没有这种功能，这个鲜红而分叉的灵巧器官学名叫蛇信，它的作用和我们的鼻子差不多，主要是感受外界的气味。

当蛇信在空气中不停地搜索时，气味分子就沾到了蛇潮湿的舌面上，随后，蛇收回舌头，把这些气味分子传送到口腔中的锄鼻器那里。锄鼻器上有很多感觉细胞，它们会对气味分子进行分析，然后传给大脑，于是，嗅觉就产生了。蛇信不断地吐出来收进去，就把环境的气味变化随时传给大脑。

哺乳动物在寻找食物时，这里闻闻，那里嗅嗅，几乎没有消停的时候。我们不觉得它们有什么特别，是因为它们使用的是鼻子的正常功能。蛇吐蛇信相当于在用鼻子闻气味，其实也没什么特别的。

响尾蛇和蝮蛇不是靠蛇信来感知猎物，而是靠身上的热敏感应器。这个热敏感应器就是颊窝。由于猎物身上有热能，而颊窝上的神经末梢对温差的反应很敏感。一旦颊窝收到猎物传来的热量，蛇就会判断出猎物的位置，然后迅速出击，致敌死命。

只有**屎壳郎会推**粪球吗？

河南省安阳市红庙街小学赵正同学问：

只有屎壳郎会推粪球吗？

问题关注指数：★ ★ ★ ★

有这么讨大便的吗？

牛哥，你快拉呀，别磨蹭啦！

很多农村的同学都看到过屎壳郎推粪球，也许有人会想：屎壳郎为什么要玩这种脏兮兮的游戏呢？除了屎壳郎，还有其他动物喜欢粪便吗？它们也像屎壳郎一样推粪球吗？

我们先来看第一个问题：屎壳郎为什么要推粪球？其实，如果让你对屎壳郎进行一次采访的话，那一定是很有趣的：

"你为什么如此钟爱臭大粪呢，屎壳郎先生？"

"请不要对大粪这么没礼貌，它可是我们养育孩子的必需品。"

"等等。你难道还要让你的孩子也与大粪为伴？"

"我没时间跟你瞎掰了。我已经闻到了一股新鲜大粪的味道。拜拜了。"

你听出来了吗，屎壳郎推粪球，主要是为了自己的孩子。这是因为粪便中有不少没来得及消化的营养物。屎壳郎把粪便堆成粪球，是为了把它推到一个安全的地方去。到了那里，屎壳郎妈妈会把卵产在粪球里。当胖乎乎的屎壳郎宝宝孵化出来后，根本不愁没有吃的。

其实，除了屎壳郎，还有不少动物也是喜欢粪便的。比如苍蝇就喜欢把卵产在粪便里。另外，狗也是喜欢粪便的， 不是有句俗语叫"狗改不了吃屎" 吗？

虽然喜欢粪便的动物不少，但真正推粪球回家的却只有屎壳郎。

开心驿站

屎壳郎最喜欢食草动物的粪便，因为食草动物大多是反刍动物，其粪便不但营养丰富，而且很容易搓成粪球。

蜘蛛是怎么织网的?

广东省广州市惠福西路小学郑维杰同学问:

蜘蛛是怎么织网的?

问题关注指数: ★ ★ ★ ★ ★

尽管不是所有蜘蛛都会织网,但是它们全部都会产丝。只是因为生活习惯不同,才分成织网和不织网两大类。

蜘蛛的身体分为两部分,前面的部分叫作头胸部,后面的部分叫作腹部。腹部两边是八条腿,中间有心脏、消化系统、生殖系统,还有造丝的丝腺,外面有吐丝的三对纺器,纺器内有许多纺管。纺管一头开口在体外,一头连接着体内丝腺中的输出管。

首先,丝腺内的细胞分泌液体并集合在腺腔中,然后通过输出管送到纺器中的纺管内。在纺管内,这些液体状的分泌物会变成丝线。织网的时候,蜘蛛先找好一块地方,随便吐出一根丝线。丝线在空中随风飘荡,如果丝线挂住了其他物体,蜘蛛就会顺着丝线爬过去,一边爬,一边用丝加固,第一根丝线就这样固定住了。

接着,蜘蛛回到蛛丝中央,然后从这一点出发,向四周辐射状地拉丝。这项工作完成后,蜘蛛再从中间开始,由内向外一圈一圈地用蛛丝拉住蛛网。然后,再布置具有很强黏性的捕虫的蛛丝。大功告成后,它会从网中央拉一根信号丝出来,自己则躲到隐蔽处。只要信号丝发出信号,一顿美餐就上门了。

蜘蛛体内的不同丝腺生产出来的丝线是不一样的,有的是专门用来裹住猎物的,有的是具有很强黏性的,也有的是做精囊和卵囊用的。

55

章鱼的墨汁是怎样产生的?

陕西省西安市何家村小学高博瑞同学问:

章鱼的墨汁是怎样产生的?

问题关注指数: ★★★★★

想抓我了? 你还嫩着呢。

有本事单挑。

章鱼,又叫八爪鱼,是生活在海里的一类动物。八爪指的是它有八条腕足。它虽然住在水里,却不是鱼。在生物分类中,章鱼属于无脊椎动物中的头足纲。

章鱼的每条腕足上都长着几百只吸盘,猎物一旦被它的腕足缠住,想要脱身可就难了。不过,假如遇到厉害的对手,章鱼绝不死缠烂打,而是施展自己的绝技,用最有效的办法逃跑。

章鱼的逃生手段有几种。第一种是"变魔术"。它可以随时把自己身体的颜色变得和周围的环境颜色一样,这就好比为自己穿了一件魔术衣,不用逃跑就迷惑了敌人。第二种是"断腕法"。当自己的腕足被强大的敌人抓住后,章鱼立即把那条腕足断掉,送给敌人。过后断掉的腕足还会重新长出来。第三种是"障眼法",也就是喷墨汁。墨汁喷出来的时候,周围的海水一片漆黑,敌人根本看不清章鱼在哪里,它就趁机溜走了。

那么,章鱼身上的墨汁是从哪里来的呢?原来,在章鱼消化系统的末端,也就是直肠和肛门连接的地方,还有一根导管通向肛门,后面连着一个墨囊。在这个墨囊内,长着会分泌墨汁的腺体。墨汁在墨囊内充满后,假如章鱼遇到了厉害的敌人想逃跑,就会把墨汁从墨囊里喷出来。大概连喷五六次,墨汁就会喷完。至少要过半小时左右,新的墨汁才能重新生产出来。所以,章鱼喷墨汁也是会省着用的。

联想快车

还有一位会喷墨汁的大将叫乌贼,也叫墨鱼。不少人分不清章鱼和乌贼,我来教你一个最简单的方法吧:章鱼只有8条腕足,而乌贼有10条。

蚂蚁如果遇到好吃的东西怎样呼叫别的蚂蚁？

陕西省西安市何家村小学吴斌同学问：

蚂蚁如果遇到好吃的东西怎样呼叫别的蚂蚁？

问题关注指数：★★★★

许多同学都喜欢看蚂蚁搬食物。蚂蚁搬食物的过程是很有趣的。首先，一只蚂蚁发现了食物，它会先在食物周围转上几圈，然后迅速回家。在回家的路上，这只蚂蚁走走停停，一会儿回头看看，一会儿和其他相遇的蚂蚁用触角轻轻触碰。不用它带路，遇到的蚂蚁会准确地找到食物，并开始想办法搬运。稍后，大群的蚂蚁在原先蚂蚁的带领下赶来，食物周围很快就会聚集起足够多的蚂蚁。

太好了！都好几天没开荤了。

姐妹们，准备好狂欢吧！

我们其实已经很清楚了，后来的蚂蚁都是前面发现食物的那位找来的。那么，蚂蚁是怎样把找到食物的信息告诉其他蚂蚁的呢？

奥妙在于蚂蚁身上的两件宝贝：一件是头上的触角，一件是身上分泌出来的激素。蚂蚁头上的触角中，藏着许多嗅觉细胞，它的功能就像我们的鼻子，是可以闻到味道的。而它身上分泌的激素，则可以留下信息。比方说，蚂蚁找到食物了，它就在食物上面分泌一些特殊的信息素，然后在回家的路上一路传递给同伴。而其他同伴则是通过触角的嗅觉，才知道哪里有食物的。

假如你想对这个观点进行验证，那么你可以先放一小块食物，等到某一只蚂蚁发现后，在这只蚂蚁身上洒点香水后让它回家，同时不让其他蚂蚁靠近食物。你会发现，并没有大批蚂蚁急匆匆地冲过来。

联想快车

蚂蚁身上特殊的信息素也是分辨它是哪个大家庭的标志。假如一只味道不对的蚂蚁不慎闯入了别的蚂蚁家族的地盘，那它就等着被撕成碎片吧。

白蚁生活在什么地方?

广东省广州市惠福西路小学许舜熙同学问:

白蚁生活在什么地方?

问题关注指数: ★★★★

赶快进来呀,你这不是找死吗?

兄弟,我快要成为木乃伊了。

首先要申明一下,白蚁和蚂蚁是两种昆虫。但它们有共同之处,都是一大群住在一起,都有蚁后,都有工蚁和兵蚁。现在我们来回答这个问题:白蚁生活在什么地方。

白蚁住在自己专门建造的巢穴中。别小看白蚁,它们可是杰出的建筑师。有些白蚁巢建在地上,基部的直径有20~30米,高达9米。当然,也有很多白蚁巢是建在地下的,也有的筑在墙壁里或者树木中。

白蚁巢的内部构造更为神奇。不但其中的交通四通八达,而且分工明确,有专门的产卵室供蚁后生活,还有专门的育幼室供小白蚁发育成长。由于白蚁在黑暗潮湿的环境下生活,因此,白蚁会向下挖掘隧道,取地下水来润湿巢穴,向上挖出特别的通风管道以保持空气流通。虽然白蚁生活的很多地方环境都非常干燥,但白蚁的巢穴内却完全不一样,其中的相对湿度基本在90%以上。

另外,许多白蚁巢内还居住着其他无脊椎动物,如甲虫、蝇类、蟑、蛾、蝶类幼虫等。这些客人也不是白住白蚁的房子,它们会为白蚁提供很好吃的分泌物。

知识词典

我们都知道白蚁会吃木头,这是为什么呢?原来,在这些白蚁的消化道里住着不少鞭毛虫,这些小小的鞭毛虫能够分泌一种酶来分解纤维素,并把它变成葡萄糖,供白蚁和自己享用。所以,家里一旦出现白蚁,一定要快速消灭它们,否则,木质家具可要遭殃了。

为什么鱼只有肚子是白的，

而不是全身都白？

陕西省西安市何家村小学赵苏婷同学问：

为什么鱼只有肚子是白的，而不是全身都白？

问题关注指数：★★★★

这位同学观察得可真够仔细的。是的，对于大多数鱼来说，腹部是白色或者很浅的颜色，而背部则是黑色或者很深的颜色，这里面有什么道理吗？

这年头儿，找点吃的都这么难。

当然有。我们知道，大多数鱼要生存下来，总有一些保护自己的办法。有些鱼靠数量取胜；有些鱼靠拟态避险；而大多数鱼除了速度以外，就靠腹部和背部的颜色来迷惑敌人。

从水下往上看，在阳光的照耀下，水面一片白乎乎。假如深水中的大鱼游过这里，往上看到的是一片白色，鱼儿们的白肚子可以很好地隐藏自己。同样的道理，如果从天空往下看，看到的是深色的水面，鱼背也是这种颜色。那些在空中飞来飞去找食的大鸟大多会被迷惑。

假如鱼的全身都是白色的，那么肯定更容易受到攻击，因为实在太显眼了。不过，这并不是说世界上就没有全身白色的鱼了。事实上不仅有，而且还不少，比如著名的太湖银鱼。但是，这种情况的出现一定会有前提。以太湖银鱼为例，其生存的水域性情凶猛的鱼比较少，否则，银鱼一定会被吃光的。

拟态是自然界中不少动物和植物常用的自我保护方法。比如有一种两头蛇，因为其身体细长，也没有毒，打架打不过其他动物，所以它就把自己的尾巴伪装成头部，用来迷惑敌人。

59

鱼是因为没有眼睫毛，所以才睁着眼睛睡觉吗？

广东省广州市惠福西路小学曾威雨同学问：

鱼是因为没有眼睫毛，所以才睁着眼睛睡觉吗？

问题关注指数：★★★★★

很多养过鱼的人都会有同样的问题。因为他们好像看不到鱼一本正经地睡觉。即使鱼在水中静止不动，它的鳃和鳍也是一动一动的。最重要的是，鱼的眼睛一直睁着，难道它是睁眼睡觉的吗？

事实正是如此。鱼确实是睁着眼睛睡觉的。原因在于鱼眼的特殊结构。

我们人和其他陆生脊椎动物的眼睛上长着眼睑。眼睑就像眼睛的门帘，当我们要睡觉的时候，就把眼睑合上，这时候就是告诉大家：我要睡觉了。可是绝大多数鱼没有眼睑，即使它睡觉了，也不可能把眼睛闭起来。因此，鱼真的是睁着眼睛睡觉的。

那么怎样判断鱼是不是在睡觉呢？其实，鱼静止在水中就是睡觉了。鳍的摆动是为了身体的平衡，鳃的开闭是为了生存的呼吸。如果这时候你快速伸手去抓它，很容易就能抓住。

不同的鱼睡觉的地点和姿势也不一样。大多数鱼都静止在水中的不同地方，而有的鱼则干脆沉到水底躺下来睡觉。

但是，鱼从来不会一觉睡上大半天。一有风吹草动，立马恢复常态。要不然一觉睡下去，多半就会变成其他动物的美食了。

鱼的眼睛是圆球形的水晶体，看东西的时候靠的是移动这个水晶体的前后位置，这样就有很大的限制，所以鱼有很严重的近视眼。有人根据鱼眼睛凸出来的样子发明了一种短焦距超广角的照相机镜头，叫作鱼眼镜头。

鱼死了以后，为什么会肚皮朝天浮到水面上？

广东省广州市惠福西路小学黎晓彤同学问：

鱼死了以后，为什么会肚皮朝天浮到水面上？

问题关注指数：★★★★

一直以来有这样一个说法，说鱼鳔是鱼在水中上升和下沉的控制器。鱼通过控制鱼鳔中空气的多少，来达到在水中自由沉浮的目的。顺着这个思路，人们认为，鱼死后就无法自由控制鱼鳔内的空气了，鱼身体内的空气充满了鱼鳔，于是鱼也就浮起来了。鱼鳔位于鱼的腹部，所以我们看到鱼死后都是肚皮朝天浮在水面上。

还缺个啤酒肚子。

怎么样，我装死的本领不赖吧？

听起来倒是挺有道理的。不过这个关于鱼鳔作用的论断，却在2008年被一位叫黄曾新的中学科技辅导老师和他的5名学生推翻了。他们的结论是：鱼鳔的作用只是降低鱼身体的密度，使之与周围水域的密度一样大。顺着这个思路，我们可以很清晰地看到，河鱼身上的鱼鳔比海鱼身上的大。这是因为河水的密度比海水小，鱼要降低更多的身体密度，就需要更大的鱼鳔来装空气。

因此，鱼死后之所以能浮到水面上，是因为身体组织受到微生物的不断分解产生了大量气体，使得鱼的密度大大降低，自然而然就会浮起来了。由于鱼的背部有密度比较大的骨骼，而腹部却充满了密度很小的气体，肚皮朝天也就顺理成章了。

你找来一个鱼鳔，轻轻地挤压它，会发现它是挤不瘪的。这说明鱼鳔在鱼的身体内就是这样的，鱼又怎么会用注入和挤压鱼鳔内的空气调节浮沉呢？

鱼有没有耳朵？如果有，在哪里？

陕西省西安市何家村小学冯相淳同学问：

鱼有没有耳朵？如果有，在哪里？

问题关注指数：★★★★★

钓过鱼的人都知道：当鱼儿即将上钩的时候，千万不要大声叫喊，这样会把鱼吓跑的。这个事实说明，鱼是听得到声音的。那么，鱼的耳朵在哪里呢？

找来找去，在鱼的身上怎么也找不到像我们人类一样的耳朵。之所以找不到，是因为鱼只有内耳，而内耳是藏在颅脑里面的。当外界的声音传来时，鱼的内耳中的淋巴液会发生压力上的变化，从而引起振动。听神经末梢感觉到这些振动后，就会把信息传送到鱼的中枢神经。中枢神经接收到信息后，会向鱼身上的肌肉系统发出命令。

怎么样，听上去很复杂吧。其实，除内耳外，鱼还有一个更奇妙的侧线系统呢！

观察鱼的身体侧面，你会发现两侧各有一条侧线。侧线里面是一根管子，管子里面有黏液，黏液里面有感觉细胞，感觉细胞之间有神经末梢。这套感觉系统不但能够"听到"200赫兹以下的低频声音，感觉到水流的振动，还能判断方向和距离，实在是一个非常有用的"超级耳朵"。

既然鱼听得到声音，那么给它们听点好听的声音，它们不就自投罗网了吗？印度尼西亚的一些渔民通过学鱼叫把鱼群引来，从而达到事半功倍的效果。

飞鱼是怎么飞的？

陕西省西安市何家村小学王豫珺同学问：

飞鱼是怎么飞的？

问题关注指数：★ ★ ★ ★

飞翔是鸟类的特长，可是，却有那么一些鱼，不但能够从水中轻松跃起，而且还可以超低空滑翔。这些鱼就是飞鱼。

飞鱼有着非常大的胸鳍，占了全部体长的三分之二以上。当飞鱼从水中跃起时，张开的胸鳍就像鸟类的翅膀，所以才有了"飞鱼"的美称。

不过，如果你以为飞鱼是像鸟类

那样靠振动胸鳍来飞行，那就大错特错了。高速摄影机拍下的飞鱼飞行的过程揭开了这个秘密。首先，飞鱼把胸鳍紧紧贴住身体在水中高速前进，同时，它的尾巴用力拍水，就像船上的螺旋桨一样。当它来到水面时，速度极快，这时它的身体就可以像离弦的箭一样蹿出去。

飞鱼冲出水面后，宽大的胸鳍立刻展开。飞鱼刚出水的时候，尾巴还在拼命地拍打水面，以继续获得前进的动力。等到飞鱼完全脱离水面，所谓的飞行——其实是滑翔就开始了。当然，展开的胸鳍和腹鳍是不动的，它们的作用只是获得更多的空气浮力，以便飞鱼在空中滑翔的时间更长。

飞鱼冲上空中的高度并不一样，有些只有几米，有些有十多米。它们在空中滑翔的时间也不一样，大概在几秒到几十秒之间。有些强大的飞鱼通过不断的起跳，甚至可以连续滑翔三四百米呢！

飞鱼是吃浮游生物的，生活在海水的中上层。鲨鱼、金枪鱼、剑鱼等海霸王常常到这里来找食吃。为了躲避这些魔鬼的袭击，飞鱼练出了"飞翔"的本领。

萤火虫为什么会发光?

广东省广州市惠福西路小学陈浩贤同学问:

萤火虫为什么会发光?

问题关注指数: ★ ★ ★ ★

在夏日的田野或者山区里,经常会划过一闪一闪的亮光,那就是萤火虫。萤火虫长着修长而扁平的身体,在夜间飞来飞去。

仔细观察萤火虫,可以发现发光部位在它的身体后面。萤火虫能够发光,是因为这个位置有发光器,而这个部位的皮肤是透明的,发出的光能够通过透明的皮肤透出来。发光器是由发光细胞和反射细胞组成的,发光细胞内有荧光素和荧光酶。萤火虫活动的时候,氧气和荧光酶一起工作,就能使荧光素发生化学反应发出光来。

简单来说,萤火虫在氧气的帮助下就能发光。萤火虫之所以一闪一闪的,就是在控制进入发光细胞的氧气呢。

由于萤火虫身体内的荧光素和荧光酶是不同的,所以,它们发出来的光的颜色也有所不同,黄色、绿色和介于黄绿色之间的都有,晚上看起来,还是很好看的。

萤火虫发光能起到什么作用呢?主要是雄虫借此引诱雌虫。雄虫身上有两节发光器,比雌虫的亮多了。日落以后,雄虫就开始边飞边亮,随后,雌虫就会默契地飞来相会。当然,萤火虫发光还有一些其他用意。它会通过发光来警告敌人:别惹我,我可不是好果子!有些科学家就发现,不小心吃下萤火虫的蜥蜴会痛苦地死去。

还有不少动物也会发光。住在海底深处的鮟鱇鱼就会发光,发光的地方是由一根背鳍变成的"钓鱼竿"。深海里的鱼儿看到一摇一摆的亮光就会游过来,正好被鮟鱇鱼的大嘴咬住。

蚊子为什么要吸血呢？

陕西省西安市何家村小学李佳蕊同学问:

蚊子为什么要吸血呢?

问题关注指数: ★★★★★

夏秋季节，最让人讨厌的大概就是蚊子了，它不但在我们耳边发出非常难听的"嗡嗡"声，而且冷不丁就咬上一口。损失点血也就算了，但把我们咬得奇痒难忍，实在太不厚道了。那么，蚊子为什么要吸血呢?

找个知己真难啊!

你别嗡嗡叫了，我这就去超市给你买"好吃的"。

人要吃饭才能活着，对于蚊子来说，血就是它们的饭。为了吸血，蚊子专门发展出了一件特殊的"武器"，那就是口器。在雌蚊子身上，这件"武器"发育得非常好，而且分工明确，成为吸血的三件法宝。第一件宝是口针，负责把皮肤刺破；第二件宝是唾液，负责不让血凝固起来；第三件宝是吸管，负责大口大口地吸血。和雌蚊子比起来，雄蚊子的口器就不行了，连皮肤都刺不破，也就没有办法吸血了。因此，吸血的都是雌蚊子。

雌蚊子吸血主要是为了获得足够的营养，因为血里面有不少的蛋白质，可以让蚊子的孩子健康地生长。如果不被人们消灭，那么雌蚊子的寿命会比较长。甚至有一小部分雌蚊子的身体内藏着脂肪，可以潜伏在比较温暖、潮湿的角落中过冬，等到第二年春暖花开的时候，又飞出来吸血繁殖。这就是为什么我们在春天也会看到蚊子的原因。

和雌蚊子比起来，雄蚊子的口器不够发达。因此，雄蚊子的寿命也比较短，一般一个星期左右就死了。

知识词典

蚊子在吸血的时候，为了不让血液凝固起来，会从舌头上吐出一些唾液来。假如它之前叮过一个生病的人或者动物，那么，病菌或者病毒就会通过唾液传染给你，你就有可能生病啦!

虾是青的，为什么熟了以后是红的？

陕西省西安市何家村小学冯有为同学问：

虾是青的，为什么熟了以后是红的？

问题关注指数：★★★★★

我们从市场上买来的虾，大多数是青色的，也有些是透明的。当它们被煮熟以后，就变成红色的了，这是怎么回事呢？

原来，这是虾壳变的魔术。在虾壳中有不少色素，其中有一种叫虾青素，也叫虾红素，它本身是橘红色的。当虾活着的时候，虾青素和其他色素、蛋白质结合在一起，我们看不出它的本来面目。经过烧煮后，其他的色素被破坏和分解掉了，蛋白质也变性了，唯独这个虾青素一点儿也没有分解掉。而且，脱离了其他色素和蛋白质的束缚后，虾青素解放了，它的红色也就显现出来了。我们看到的红色就是这位老兄的本来面目。

不过，因为虾青素在虾身上的分布是不均匀的，所以虾壳也不是从头到尾一样红。背部的色素多一些，背部就特别红；尾部和脚上的色素少一些，颜色就淡一些；而腹部本来就没有虾青素，所以那里是白的。

其实，不仅仅是虾，蟹也是这样。许许多多的甲壳类动物，都在它们的外壳中含有或多或少的虾青素。平常的时候，这些动物根据自己的特点和生存的环境选择不同的体色，一旦受热，虾青素就会显现出来，变成红色。

虾青素不但能够赋予动物美丽的色彩，而且是一种具有抗氧化性的化学物质，具有极好的抗癌和防衰老功能，被科学界称作"超级维生素E"。

对虾的身体不是青色的，而是透明的。透过薄薄的甲壳，我们不但能够看到它的五脏六腑，甚至还能看到它微微跳动的心脏。所以，对虾的另一个名称叫明虾。

螃蟹为什么会口吐白沫呢?

陕西省西安市何家村小学管世宇同学问:

螃蟹为什么会口吐白沫呢?

问题关注指数:★★★★★

大家都认识张牙舞爪的螃蟹。螃蟹是甲壳动物中的一位成员。由于它身上披着盔甲般的硬壳,舞动着一对钳子般的大螯,迈着八条腿夸张地横着爬来爬去,所以它还有一个别名,叫作"横行将军"。

我们都知道鱼在水中是靠鳃来呼吸的,其实螃蟹也是靠鳃来呼吸的,只不过它的鳃不在头部的两侧,所以我们无法看见。

假如你吃过螃蟹,那么当你剥开蟹壳后,一定会在壳内看到许多条羽毛状的东西,那就是螃蟹的鳃。

平时在水中,螃蟹从身体后面吸进水,经过鳃的过滤后,留下水中溶解的氧气,再把多余的水从前面的嘴巴里吐出来。不过,一旦它离开水怎么办呢?这时候,螃蟹仍然拼命地从身体后面吸,但这时候吸进来的全是空气。随后,螃蟹把鳃里面残留的水,连同多余的空气,一起从嘴巴里吐出来。由于水太少,空气太多,这样不断呼吸的结果,就是吹出越来越多的泡泡。于是,我们就看到离了水的螃蟹在吐白沫了。

和鱼离开水会很快死亡不同,螃蟹离开水可以活比较长的时间,这主要在于螃蟹的鳃中可以储存一部分水。假如环境温度低,本身的运动消耗又少,离水的螃蟹甚至可以活上好几天。

螃蟹为什么不能直着走呢?原来,螃蟹的4对步足中的关节只能左右移动。于是,螃蟹只好用一边步足撑地,而用另一边步足侧向前进了。由于步足的长短不一,所以螃蟹其实也不是横行,而是斜向前进的。

世界上有珊瑚虫这种动物吗？

河南省安阳市红庙街小学彭凯同学问：

世界上有珊瑚虫这种动物吗？

问题关注指数：★ ★ ★ ★

骗子！

快来吧，走过路过不要错过啊！

在回答这个问题之前，我们先来问一句：你觉得珊瑚是动物还是植物呢？以前，很多人会回答说：珊瑚属于植物。不过，现在珊瑚是动物这件事，已经被大众所知晓。

可是，既然珊瑚是动物，那么我们拿到的珊瑚怎么不能动呢？道理很简单，来到我们手上的珊瑚是珊瑚死亡后留下的骨骼，就像一块块石头，因此也被叫作珊瑚石。由于珊瑚的种类很多，所以我们看到的珊瑚石形状也是千姿百态，各不相同。

珊瑚虫是低等的腔肠动物，身体只有内外两层，看上去好像一个双层口袋。它只有一个口，吃也在这里，拉也在这里。口的周围长着不少触手，珊瑚虫就是靠这些触手获取海水中的微小生物来生存的。

和大多数动物不一样，珊瑚虫并不在水里游来游去，而是固定在一个地方生活。生儿育女非常简单，从母体上出个芽就能长出一个新个体；死亡也不需要找地方埋葬，而是骨骼留下，肉体腐烂。于是，我们就看到了子子孙孙堆在一起的珊瑚石。如果你仔细看海中的珊瑚，会发现外面一圈都是活的，触手一直在招来招去，而里面那些就是死亡的珊瑚虫留下的骨骼了。

开心驿站

珊瑚喜欢在水流急、水温高、水质好的浅海驻扎。澳大利亚的大堡礁就是一个非常著名的浅海珊瑚礁。在那里，游客可以在潜水员的带领下，亲身下海体验与珊瑚礁和珊瑚礁动物的亲密接触。

贝壳里的珍珠是怎么生产出来的?

广东省广州市惠福西路小学赵磊同学问:

贝壳里的珍珠是怎么生产出来的?

问题关注指数: ★ ★ ★ ★ ★

晶莹剔透的珍珠是很多人都喜欢的一种装饰品。如果我们觉得一样东西非常珍贵,会形容它是"掌上明珠"。那么,珍珠是从哪里来的呢?

所有的贝类动物都能够产生珍珠。不过,并不是体形越大,产生的珍珠就越大。要得到珍珠,还需要一个外部条件。

贝类动物的身体本身是软软的,在身体外面有一个叫外套膜的组织。为了保护自己不堪一击的身体,外套膜分泌角蛋白和碳酸钙,形成了坚硬的贝壳。翻开贝壳,我们可以很容易地看到里面闪闪发亮的珍珠层,这也是由外套膜分泌的珍珠质构成的。

有时候,当贝类在水里活动的时候,一些沙砾或者寄生虫会钻进贝壳。贝类受到了侵犯,就会快速地分泌出珍珠质把敌人包住,这个包住的囊就成了珍珠囊。此后,珍珠质不断地分泌出来,越积越多,最后就成了光彩夺目的珍珠。

当人们明白了珍珠产生的原因后,就开始用这个方法去人为生产珍珠。人们在贝类养大以后,把用蚌壳做成的一个小核插到外套膜的组织中去,就可以在一段时间后收获珍珠了。

现在,很多地方都在生产珍珠,培育的水平也在不断提高。不但能生产一般的珍珠,甚至还能生产彩色珍珠呢。

你或许会说,贝壳和珍珠都是外套膜分泌出来的,为啥差别那么大呢?其实,构成珍珠和贝壳的原料,大部分都是碳酸钙。但是,碳酸钙在不同的条件下,结晶是不同的。结晶的形式不同,形成的物质也不同。

蝴蝶的翅膀为什么那么美丽？

广东省广州市惠福西路小学卢颖琳同学问：

蝴蝶的翅膀为什么那么美丽？

问题关注指数：★★★★

别臭美了。我用假眼就可以打发你。

?!

这家伙盯着我呢！看来不好下手。

人们常把蝴蝶比作"会飞的花朵"，这种印象主要来自于它花枝招展的翅膀。那么，蝴蝶的翅膀为什么那么美丽呢？

原来，蝴蝶翅膀的表层是由几丁质构成的。当光线照射到蝴蝶翅膀表面时，排列成不同几何形状的几丁质就会对其进行反射和折射。如果你能够从不同的角度观察蝴蝶的翅膀，会发现它们的颜色是有差别的，这就是反射和折射角度不同造成的。

蝴蝶翅膀的这种变化，不但让它们漂亮无比，而且也能帮助它们施展奇妙的手段。

眼蝶是蝴蝶的一个科，翅膀有黄色的，也有褐色的。但是，不管什么色彩的翅膀，上面都有一串眼睛一样的斑点，作用是迷惑和吓唬那些要来吃它的鸟儿。黑脉金斑蝶是一种会长途迁徙的蝴蝶。这种蝴蝶之所以要迁徙，是为了追逐一种叫作马利筋的有毒植物。它为什么要主动去吃有毒植物呢？因为它吃下去没事，但那些想吃它的鸟儿吃下去就会痛苦不堪。于是，当一些大胆的鸟儿吃过苦头后，这种色彩艳丽的蝴蝶和它同样美丽动人的幼虫就被深深地记住了。

因此，蝴蝶的翅膀之所以美丽，主要是为了自己活得更安全。

毛毛虫也会想办法保护自己。就拿最常见的菜青虫来说吧，假如它化蛹的地方是在绿色植物旁边，那么结出来的茧就是绿色或者黄色的；假如化蛹的地方旁边是一面土墙，那么茧就是土黄色或者褐色的。

蜜蜂是不是用翅膀发出声音？

广东省广州市惠福西路小学梁宇翰同学问：

蜜蜂是不是用翅膀发出声音？

问题关注指数：★★★★★

如果时间倒退几年，这位提问的同学也许有机会得到一个全国大奖！这到底是怎么回事呢？在很多自然类的书上，我们都可以读到这样一个结论：苍蝇、蚊子、蜜蜂等有膜翅的昆虫都是靠翅膀的振动来发声的。在湖北省监利县黄歇口镇中心小学读五年级的聂利，听到的也是这样的说法。小聂利家隔壁的叔叔是养蜜蜂的，聂利发现，当所有的蜜蜂都安静地停留在蜂箱上后，"嗡嗡"声并没有停下来。这就说明，声音也许不是翅膀振动产生的。于是，在学校的科学辅导员邓从新老师的帮助下，小聂利开始了第一次真正的科学研究。

那你交代，声音是怎么来的。

行行好，还让不让我飞啦？

聂利采用两种办法不让蜜蜂的翅膀振动：一种是用胶水把翅膀粘起来；另一种是直接把翅膀剪掉。在这两种情况下，聂利都听到了清晰的"嗡嗡"声。接下来，聂利用放大镜仔细观察。她发现蜜蜂翅膀的根部有两个小黑点，会在发出"嗡嗡"声时一鼓一鼓的。为此，她写下了一篇小论文。

2003年，在甘肃省兰州市举行的第18届全国青少年科技创新大赛上，12岁的聂利撰写的科学论文《蜜蜂并不是靠翅膀振动发声》荣获优秀科技项目银奖和高士其科普专项奖。

看到这里，提问的同学是不是觉得自己错过了一个大大的机会呢？当然没有。有思想，机会就一直存在。

聂利获奖，是对她认真观察、独立思考、善于探索的赞许和鼓励。虽然她的结论并没有得到昆虫学家的普遍认可，但至少引起了更多人的关注。

来自中国孩子的1001问

为什么苍蝇长期生活在很脏的地方却不生病？

陕西省西安市何家村小学梁西攀同学问：

为什么苍蝇长期生活在很脏的地方却不生病？

问题关注指数：★★★★

苍蝇这个令人讨厌的家伙，10分钟前也许刚刚吃过一顿大便，10分钟后又发现了你桌上的蛋糕。趁着你一不留神，苍蝇已经在蛋糕上转了一大圈。就这么一下子的工夫，成千上万的细菌已经在等着拥抱你了。

有人对400多只苍蝇做了一项细致的研究，发现平均每只苍蝇的脚上有125万个细菌。当苍蝇在你的蛋糕上稍作停留时，顺便把这些细菌当作礼物送给了你。

你吃下布满细菌的蛋糕后，也许会拉肚子，或者不舒服。不过，这些带着细菌跑来跑去的家伙，自己却若无其事。这是什么道理呢？

原来，细菌进入人体的消化道后会大量繁殖，使人得病，但进入苍蝇的消化道后却无法兴风作浪，因为苍蝇体内会产生某种抗菌蛋白来对抗细菌。所以，在苍蝇消化道内的细菌只能选择两条路：一条是待在里面，过很短时间被消灭，这是死路；另一条是随着苍蝇排出体外，这是活路。而当我们吃下苍蝇传播的细菌时，我们就为细菌们的继续繁衍提供了一条活路。

苍蝇的这种本事引起了科学家的注意。现在，有不少科学家在研究苍蝇，希望从它们身上找到对付细菌的办法。

苍蝇没有牙齿，也没有吸管。所以，苍蝇发现好东西后，先要吐出胃里面的消化液，把食物分解成液体，然后用舌头来舔。要是它刚刚和狗屎亲热过，然后又落到饭菜上，那还让我们怎么吃呀？

72

蝎子的毒液是怎么产生的？

陕西省西安市何家村小学王策同学问：

蝎子的毒液是怎么产生的？

问题关注指数：★ ★ ★ ★

在蛛形纲里，除了蜘蛛，蝎子也是其中一员。蝎子一节一节的身体上披着坚硬的皮肤，尾巴还高高地翘起，并且使劲地向上或者向前弯曲。不过，这个尾巴可不像它的样子那么好玩，因为尾巴的后面有根毒刺。谁要是和蝎子过不去，那么，毒刺就会像利剑一样刺过去。

蝎子的毒刺长在身体的最后，是由一个球形的底及一个尖而弯曲的钩刺所组成的，钩刺的末端有一个针眼状的开口。当蝎子攻击敌人时，它会用钩刺刺入对方，然后把毒液注射进去。那么，毒液是从哪里来的呢？

原来，在毒刺的那个球形底里面，藏着一对卵圆形的制造毒液的"机器"，那就是毒腺。毒腺负责生产毒液，随后通过细管与钩刺尖端的针眼相连。在每一个毒腺的外面，还围绕着一层肌肉。当蝎子需要进攻时，大脑就会发出命令，包住毒腺的肌肉开始强烈收缩，压迫毒液从毒腺中射出去。蝎子之所以要用毒，原因有两个：其一是猎食。蝎子是完全的肉食性动物，平时主要吃蜘蛛、蜈蚣和其他昆虫，这些对象打架不一定比它差，而用毒就方便多了。其二是防身。蝎子没有飞行能力，也不像蜗牛一样有硬壳，要是没有点秘密武器，怕是早就绝种了。

蝎毒是神经毒，中毒以后会产生疼痛、发烧、昏迷、抽搐等症状，严重的甚至可以引起瘫痪和死亡。

虽然中了蝎毒会使人抽搐、神志不清甚至死亡，但是中医却"以毒攻毒"，用蝎毒来治疗半身不遂、手足抽搐等疾病。

海马就是爸爸生的，为什么人就不能?

陕西省西安市何家村小学越芮雅同学问:

海马就是爸爸生的，为什么人就不能?

问题关注指数: ★ ★ ★ ★

把孩子放进我的O袋里，看准还敢来。

孩子他爸，你倒是想个办法呀!

小海马的确是从海马爸爸腹部的育儿袋里出生的。不过，假如这样就把生小海马的功劳记在海马爸爸的头上，海马妈妈估计是不会答应的。

海马的头像马，身体像虾，尾巴卷卷的像一根小象鼻子。海马游泳的姿势很特别，头和身体几乎成一个直角，原因是它的鳍不发达。因此，在大多数时候，海马用尾巴卷住海藻，在水中漂浮。

海马是住在浅海区的。每到春夏季节，各种海洋动物都会到这里交配繁殖，也就免不了要捕食。海马自己游不快，可以想办法躲在珊瑚礁里面，大型海洋生物是游不进去的。但是，假如海马妈妈把卵产在珊瑚礁里面，就会成为那里的小型海洋动物的美餐。海马妈妈一次才产100来个卵，要不了几天就会被吃光。

于是，海马爸爸挺身而出。当繁殖季节到来的时候，海马爸爸会在腹部长出一个大大的育儿袋，让海马妈妈把卵产在里面。海马爸爸游到哪里，就把孩子带到哪里，直到它们完成发育，海马爸爸才让小海马一个一个游出来。所以，海马爸爸只是小海马发育时的保护神。

海马奇特的繁殖方式，是动物适应生存环境进化的一个例证。

海马爸爸孵育孩子这一特点，在动物界里是独一无二的。虽然企鹅爸爸也孵化自己的孩子，但是海马爸爸比它要更胜一筹。因为海马爸爸的育儿袋里，还会长出浓密的血管网，为小海马的胚胎发育提供营养。而企鹅爸爸只是用自己的体温孵化企鹅蛋。

海星有脚吗？

广东省普宁市流沙第一实验小学要泽霖同学问：

海星有脚吗？

问题关注指数：★★★★

在一些浅海的沙地或者礁石上，我们经常会看到海星。海星常常长着五个伸出来的"手臂"，走路的时候，似乎是这些"手臂"在带动身体。那么，这些"手臂"就是海星的脚吗？

很抱歉，我的脚长在我的手上。

请告诉我，我是死在你的手里还是死在你的脚上。

这些"手臂"被称为腕，它同时具备了手和脚两种功能。如果我们把海星的腕翻过来，会发现中间是空的，只有一些棘盖在那里。而在腕的下面排列着四排小管子，这些就是海星的脚，称为管足。在管足的末端，很多海星还有吸盘。

当海星和它的食物（海胆、贝类或者螃蟹等）碰面时，拥有吸盘的管足就会搭住对方，在对方挣扎的过程中，其他腕也会过来帮忙，直到把对手死死地裹住。管足还会施展大力神功，拉开那些紧紧关闭着的贝壳。接下来，海星中间的那个口部会吐出它的胃袋来，猎物在消化酶的作用下逐渐溶解，变成营养液，就可以被海星吸收掉了。

海星这个海洋中的杀手，虽然名气不及鲨鱼，但捕捉猎物的本领却非常大。海参、海胆等海洋动物，看到海星总是有点害怕；扇贝等贝类动物，也对海星敬而远之。尽管如此，海星总是能够趁它们不注意的时候靠近。一旦被海星的管足捉住，生命基本也就到头了。

由于海星对贝类是个大祸害，因此，养殖贝类的渔民非常恨海星。早先的时候，渔民抓住一只海星，就把它切成几段扔进大海。不料，海星却因此越来越多。原来，海星有极其强大的再生能力，你把它撕成五段，它就长成五个海星。

海螺为什么能发出声音？

陕西省西安市何家村小学黄欣毓同学问：

海螺为什么能发出声音？

问题关注指数：★★★★ ★

我想你问的是当你把海螺贴在耳朵上时，海螺里能传出声音。这声音有时像大海的波涛，有时像一阵一阵的海风，虽然很古怪，但却非常让人神往。仿佛是海螺在传递大海的嘱托，又仿佛是听到了远古的呼唤。可是，海螺怎么能自己发声呢？

其实，这种现象就是共振。什么叫共振呢？共振是说一个系统在某一个特定的频率下，以最大的幅度来振动。在声学中，共振就是共鸣。比如有两个或者几个频率相同的音叉存在，其中一个因为振动而发声时，其他的也会跟着发声。

海螺里面是弯弯曲曲的空腔，腔中充满了空气。当你站在大海边，把海螺贴在耳朵上时，从周围环境中传来的各种各样的声音频率，会与海螺内腔的固有频率发生共鸣。上面说过，共鸣时声音的振动幅度最大，也就是说耳朵里听到的声音被放大了。这样，海螺就像一个放大器一样，让你听到了波涛汹涌的声音，仿佛是海浪冲击。

不过，科学家经过研究，告诉我们一个哭笑不得的事实。这种共鸣发出的声音，主要不是来自大海，而是来自你自己的血管。那汹涌澎湃的声音，居然是血液在你血管中的流动声。其实，类似的共鸣到处存在。你把一个空的纸盒或者一个空的广口瓶扣在耳朵上，一定也会听到一些共鸣声。假如你闭上眼睛听，也许会以为自己在海边呢！

开心驿站

共鸣是普遍存在的物理现象，歌唱家引吭高歌、鸟儿歌声婉转悠扬、虫儿尽情欢唱，都是利用了自己的发声器官与空气共鸣才产生的。如果没有共鸣，我们生活的世界就单调多了。

蚯蚓被切断还能活吗？

陕西省西安市何家村小学朱桂蓉同学问：

蚯蚓被切断还能活吗？

问题关注指数：★★★★★

一种动物被切成两段后，不仅能活，而且不久就能长出两个完整的个体来，这无论如何都是件稀奇事。蚯蚓就是这样一种稀罕的动物。

蚯蚓是一种低等的环节动物，除了头部和尾部尖尖的有些不一样以外，中间的体节非常相似。整体来看，蚯蚓从头到尾好比是两根管子套在一起，外面的管子就是体壁，里面的管子就是消化道。在这两根管子之间，是流动着液体的体腔。

别油嘴滑舌的。过几天看你表现。

老兄你放了我一半儿，感激不尽。

当蚯蚓被切为两段时，如果条件合适，断面上的肌肉组织马上开始收缩，一部分肌肉组织形成新的细胞团，就是再生芽。而蚯蚓血液中的白细胞则争先恐后地聚集到伤口去，迅速愈合了伤口。

接下来，身体里的消化系统、神经系统、循环系统等组织的细胞开始大量分裂，向再生芽里集结，并从再生芽向前蔓延。随着细胞的不断增生，缺少头的那一段的切面上，慢慢会长出一个新的头来；而缺少尾巴的那一段切面上，也会长出一条新尾巴来。就这样，一条蚯蚓在被切断后，变成了两条完整的蚯蚓。

蚯蚓虽然有再生本领，但并不是说你把蚯蚓切成两段，它们一定能变成两条蚯蚓。如果你把蚯蚓一段切得非常长，另一段只留了一点点体节，那么基本上前面一大段再生是没什么问题的，而后面那段只有几个体节的蚯蚓，是不可能完成再生的。

小小观测台

如果把一条蚯蚓切成三段，它们也能活吗？经过科学家的研究，证明只要外界的各种条件合适，它们确实能活。也就是说，能长成三条蚯蚓呢！

77

细菌是怎么产生的？

陕西省西安市何家村小学张存同学问：

细菌是怎么产生的？

问题关注指数：★★★★★

笑话！我是你的祖宗哎！

我免费把你带来带去，你却从来不谢我。

我们从小就听说"饭前便后要洗手"，就是要洗掉手上的细菌，不要让它们随着食物一起进入你的肠胃；我们也常常听到"食物变质后不能吃"，也是因为里面充满了细菌。

这时你就要问了：怎么会有那么多细菌，这些家伙都是怎么来的呀？

我们先来看看什么是细菌。我们平时所说的细菌，是指那些身体很小，小到要用显微镜才能看得见；结构简单，简单到只有一个很原始的细胞的单细胞原核生物。这么小的家伙，自然到处都是。我们已经知道一只苍蝇的脚上就有125万个细菌。自然界中像苍蝇这样的昆虫飞来飞去，随随便便就把数不清的细菌带来带去，这些小家伙能不到处都是吗？

更绝的是，细菌繁殖太容易了，只要一个分裂成两个就行了。如果你想搞清世界上到底有多少个细菌，那么你先算出10的30次方后面有多少个0吧。

要追溯细菌出现的源头，那得把地球的历史翻回到大约37亿年前。那时候，在太阳紫外线的打击下，其他生命根本没有可能出现。但是，一种躲在海底，又不需要氧气的细菌出现了。后来，能够进行光合作用的蓝绿藻出现了，地球上就有了氧气。氧气不但培养出了有氧细菌，还制造了臭氧层。生命就这样慢慢地发展起来了。

联想快车

细菌并不全是坏蛋，还有很多细菌在帮助我们呢。酸奶就是以新鲜牛奶为原料，消毒后加入各种有益菌发酵而成的。经过发酵，酸奶中的营养成分不但更多，而且更容易被人体吸收。

蚂蚁也像人类社会一样吗?

广东省广州市惠福西路小学段彦君同学问:

蚂蚁也像人类社会一样吗?

问题关注指数:★★★★★

在动物世界中,有些动物和我们人类一样,也有社会性。不过,那些具有社会性的动物并不是成天聚起来打群架,而是互相帮助,各司其职。在这方面,蚂蚁是个好榜样。

蚂蚁有着成为社会性动物的三大要素:一是个体之间能够互相合作照顾;二是群体内部有明确的分工;三是上一代会在一定时间内主动照顾下一代。

我们先来看一下蚂蚁是如何工作、生活和繁殖的。首先,雌蚁和雄蚁用婚飞的方式展开交配。交配完成后,雄蚁会很快死亡,而雌蚁则脱掉翅膀,找到一个安全的地方躲藏起来。

雌蚁产的卵经过发育,慢慢地成熟孵化。小蚂蚁出生后,雌蚁会照顾它们,并把它们养大,同时成为专门生孩子的蚁后。长大的蚂蚁分成三类。第一类是没有生育能力的工蚁,全是雌性,它们虽然个子小,但数量最多,一切杂事全是工蚁包办的。第二类是有生育能力的雄蚁,它们数量少,主要职责就是和蚁后生孩子,保持家族的繁盛。第三类是没有生殖能力的雌蚁,称为兵蚁,当一群蚂蚁和另一群蚂蚁发生争斗时,兵蚁们就要奋不顾身、上阵杀敌了。

动物世界中也有等级划分。比如猴群中就有猴王,猴王下面有嫔妃,再下面有各种地位不同的猴子。不过,打架的时候,猴王总是冲在最前面。

为什么有些动物能在水面或者墙上行走自如？

广东省广州市惠福西路小学温震炎同学问：

为什么有些动物能在水面或者墙上行走自如？

问题关注指数：★★★★

许多动物的本领都是令人惊叹的。蜘蛛、壁虎可以在墙壁上轻松自如地爬行，就像我们散步一样。苍蝇更是了不得，即使爬上一面玻璃也是进退自如。水黾在水面上游走从来都不担心会被淹死。有些蜥蜴居然能够一阵风似的掠过水面。那么，它们是如何做到的呢？

先来看那些"墙上侠客"吧。"蜘蛛侠"的八只脚上分布着密密麻麻的细毛，这些毛结构精细、长短不一，能与各种表面充分接触，并获得足够大的吸附力。"壁虎侠"的脚下有很多细毛，这些细毛使壁虎可以吸附在物体表面而不会掉下来。"苍蝇侠"更了不起，它除了脚上的细毛和爪垫上的真空袋之外，还会在细毛上分泌黏液，由此产生黏附的能力。这些有此绝技的小动物基本上都具备了以上的一种或几种能力。

那些"水上飞"的"大侠"们，多半是身体很轻的动物。这些小家伙太轻了，水分子形成的张力足够支撑住它的身体，加上腿上有一层蜡质，让它和水保持了一小段距离，便能在水上来去自如了。

栖息在热带雨林的蛇怪蜥蜴，个子比较大，却也能在水面上奔跑。这是因为它在快速奔跑时，爪子拍出了很多气泡，它等于是在踩着气泡奔跑。如果速度太慢导致气泡破裂了，它就只能下水游泳了。

联想快车

蚊子既是能停在墙壁上的高手，也是能站在水面上的大侠。它的脚上有刚毛，让它能像苍蝇一样在墙上站立。而它只需用脚在水面上轻轻一划，水中的涟漪就能使它漂浮起来。

动物冬眠为什么饿不死？

广东省广州市惠福西路小学苏玥同学问：

动物冬眠为什么饿不死？

问题关注指数：★ ★ ★ ★ ★

这位同学已经明白，有些动物是要冬眠的，而且也清楚，冬眠动物到了春天是要醒来的。其实，很多动物在冬眠后醒不过来，也就是死掉了。

要回答这个问题，先要说说为什么有些动物要冬眠。青蛙、蛇等变温动物，由于体温是随着环境的温度来变化的，因此到了冬天就要冬眠，否则，体内的血液就可能被冰冻。而且，冬天食物极其缺乏，不冬眠还有可能被饿死。于是，这些动物在长期的演化过程中选择了用冬眠来度过难熬的冬天。

为了安全地度过冬天，冬眠动物们需要做好两件事：第一件是在秋天吃很多东西，把身体养得壮壮的。第二件是在冬眠的时候不被打扰。整个冬天，冬眠动物不吃不喝，而且基本不动，完全靠身体中储存的营养过日子。

假如以上两个环节中有一个没有做好，冬眠动物就可能一觉睡下去，永远醒不过来。也就是说，假如秋天没有把身体养壮，营养在春天没有到来前就消耗完毕，那么冬眠动物就会死亡。或者这个觉睡得很不太平，不断被骚扰，那么也会因为营养消耗过快而死亡。

当然，冬眠动物之所以死亡，除了有些是饿死的以外，也有一些是因为身体虚弱生病死去的。甚至有些明明熬过了冬天，也会在醒来后不吃不喝生病而死。

作为哺乳动物的熊，有的也会冬眠，天气冷是一方面，最主要的是因为食物太少了。不过，熊在冬眠的过程中被惊动就会醒过来，偶尔还会出洞走走。

动物为什么有的吃草有的吃肉？

广东省普宁市流沙第一实验小学林坤铭同学问：

动物为什么有的吃草有的吃肉？

问题关注指数：★★★★★

世界上的动物千千万万，虽然外表千差万别，但是食物也就是那么几大类。那么，动物们是如何形成这些食物结构的呢？我们以哺乳动物为例，简单看一下它们的演化道路。

在恐龙生活的时代，由于这些大家伙非常厉害，哺乳动物根本没有出头之日。那个时候的哺乳类非常原始，被称为食虫类。食虫动物在地下挖洞生活，吃昆虫或者蠕虫，以避免恐龙的打击。

当6500万年前恐龙灭亡以后，哺乳动物没有了强大的对手，就开始了蓬勃发展。当时，植物已经非常多了，于是，一部分食虫动物就以植物为食。随着吃植物的动物增多，另一部分食虫动物就开始向肉食性动物演化。还有一些动物介于两者之间，向着杂食性发展。因此，肉食类、草食类和杂食类动物其实都是对食物高度适应的结果。

当然，在适应不同食物的过程中，动物的身体器官也会随之进化。比如，食草动物的牙齿适合于切断，食肉动物的牙齿适合于撕咬。它们的消化系统、循环系统、骨骼系统等等也会发生相应的变化。

事实上，不管是哪种食性的动物，都是食物链上的一环，也因此构成了生物的多样性。如果不是这样的话，那么不管是食草动物还是食肉动物都已经灭绝了。原因非常简单，食物都被吃光了。

食虫类动物很原始，表现在寿命短、适应性差。小鼩鼱的生命只有6个星期，而且需要不停地吃东西。一旦几个小时没有进食，它就可能一命呜呼。

动物身上为什么会长出不同颜色的毛？

广东省广州市惠福西路小学周筱妍同学问：

动物身上为什么会长出不同颜色的毛？

问题关注指数：★★★★

人们常常用"千姿百态"和"形形色色"来形容动物大家族。各种动物不仅长得千差万别，色彩也是异常丰富。现在，我们就把它们放在一起，看看动物为什么要长出不同颜色的毛。

动物身上的毛发除了保暖、护身外，还有隐身和警戒的作用，让我们一起来看几个例子吧。

冬天的时候，北极大地白茫茫一片，一只雪白的兔子悄悄地从洞里溜出来。兔子身上的毛为什么长成白色呢？因为北极狐这个家伙也饿坏了，它也得找吃的，不能让它看见。你看那北极狐，全身也披着雪白的毛，这又是为什么呢？因为它在接近猎物的时候，不能让对方发现。而且，在北极狐的身后，说不定还有北极熊，那家伙也饿着呢！当然，北极熊也是身披白毛，因为它不想让北极狐看见。猎物不想被抓住，捕猎者不想被发现。就是这么简单。

亚马逊森林里的箭毒蛙可不管这一套。它们的种类很多，但有一个共同的特点就是都长得花花绿绿，谁都看得见。箭毒蛙为什么这么牛？因为森林里很多动物都曾吃过它的苦头。所以，大家看见它就像看见瘟神一样，谁都不敢惹。

动物除了会利用颜色进行伪装外，还会利用"拟态"的手段来保护自己。比如枯叶蝶，不但颜色像枯叶，而且形状也像，让敌人真假难辨。

最早的生物产生在什么时候？
现在世界上到底有多少物种？

陕西省西安市何家村小学吴杰同学问：

最早的生物产生在什么时候？现在世界上到底有多少物种？

问题关注指数：★ ★ ★ ★

窝着太难受了，上去吧！

紫外线是杀菌的，你找死啊！

地球的历史大约有46亿年。大约40亿年前，原始的海洋形成了。不过，那时海水的温度极高，强烈的太阳紫外线根本不允许任何生命出现。

随着海水温度缓慢下降，生命终于有机会出现了。但紫外线仍然像个魔鬼，不允许任何生命露头。所以，最原始的生命只好躲在深深的海水中。因为没有氧气，所以这些原始生命属于厌氧型细菌。

到了36亿年前，很重要的一种原核生物——蓝藻出现了。由于这种原始生命的身体内有叶绿素，因此，它们可以通过光合作用制造出氧气。从此以后，有氧的单细胞生物登上了历史的舞台。慢慢地，多细胞生物也出现了。

到了大约5亿4千万年前，又一类重要的生物诞生了，它们的身体有坚硬的组织结构。因此很容易形成化石，地层中的化石数量从此迅速增加，这个时期在地质学上被称为寒武纪。生命迎来了大爆发。

目前，科学家已经确定的生物种类大概有170万种，估计种类达1000万种以上。

知识词典

有些同学可能比较困惑：既然估计的生物种类在千万种以上，人类怎么只发现了10%呢？其实，大量的未发现物种是很小的东西。比如无脊椎动物中的昆虫、蜘蛛、珊瑚，植物中的地衣、苔藓等。

目前**只发现**地球上**存在**生命吗？

广东省普宁市流沙第一实验小学张伟彬同学问：

目前只发现地球上存在生命吗？

问题关注指数：★ ★ ★ ★ ★

是的。到目前为止，只有我们生存的地球才存在生命。但是，这一结论并不是说其他星球就没有存在生命的可能。2010年4月25日，英国物理学家斯蒂芬·霍金在一部纪录片中说，外星人存在的可能性很大。不仅是霍金，还有不少科学家也持相同的观点。那么，他们有什么理由这么说呢？

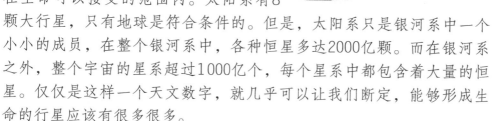

我们先来看地球上为什么能出现生命。地球生命的诞生有两个基本要素：温度和水。首先，地球作为一颗行星，得到了太阳发出的光和热。其次，地球上出现了海洋，并且海水的温度控制在生命可以接受的范围内。太阳系有8颗大行星，只有地球是符合条件的。但是，太阳系只是银河系中一个小小的成员，在整个银河系中，各种恒星多达2000亿颗。而在银河系之外，整个宇宙的星系超过1000亿个，每个星系中都包含着大量的恒星。仅仅是这样一个天文数字，就几乎可以让我们断定，能够形成生命的行星应该有很多很多。

如此说来，外星人应该确实存在啊，但我们怎么没见到呢？因为宇宙实在太大了。即使以目前人类飞行器所能达到的最高速度计算，要到达距太阳最近的恒星也要几万年。而人类自己有记载的历史，也只有区区的几千年！

在电影、电视和小说中，我们经常可以看见外星人。他们多是小个子、大脑袋，长着大眼睛，穿着紧身衣。其实，这是人类根据自身的特点想象出来的。真正的外星生物长什么样，我们完全无法推测。因为我们所有的知识都是基于对地球生命的认识。

世界上到底有没有野人？
它们真实存在吗？

广东省广州市惠福西路小学霍至珊同学问：

世界上到底有没有野人？它们真实存在吗？

问题关注指数：★★★★★

高个子、宽肩膀、大脑袋；朝天鼻、外翻唇、深凹眼；大脚板、红毛发、长手臂……这就是"野人"——一个我们费尽心机想见到，却始终也没见到过的"幽灵"。

传说中有野人的地方很多，其中最引人注目的是位于我国湖北省西部的神农架地区。从1976年传说有一批人同时看见野人开始，中科院和湖北当地的科研机构、国家和民间的各种组织对这个地方开展了大小几十次的考察，但是至今仍然没有一个明确的答案。直到今天，野人的存在与否还是一个谜。

为什么会有这种模棱两可的局面呢？相信者说，他们发现了野人的毛发、粪便、脚印，甚至是住人的野窝和小部分无法定论的骨头，也找到很多目击证人。否定者说，要真有的话，怎么从来没人拍到过任何野人的照片，也没人发现过任何死去的野人的尸体？科学是强调证据的，而且是无法辩驳的、能够让大家公认的证据。就这一点来说，相信有野人的一方显得不够有力。

到目前为止，不少痴迷于野人的科学家和民间人士遇到了很大的难题。和当地不少人述说的事实不同，考察队员们包括长期在原始森林中寻觅的科考人士，都无缘和野人打一个照面。这起码可以告诉我们，野人的存在是个大大的问号。

有人认为，即使存在一种至今尚未发现的、类似于人类的生物，也可能不是人，而是另一种猿类。所谓的野人很可能是古猿的后代。

克隆动物和普通动物有什么不一样?

陕西省西安市何家村小学离飞飞同学问:

克隆动物和普通动物有什么不一样?

问题关注指数: ★ ★ ★ ★

要弄清楚这个问题,先得弄明白什么是克隆。读过《西游记》的同学一定记得孙悟空只要从身上拔下一根毛,再对着毛吹一口气,口中念念有词地说几声"变变变",一个和他一模一样的猴子就变出来了。孙悟空的这个本事其实就是克隆。

通俗来讲,普通动物的胚胎是父亲和母亲遗传信息的结合体。但克隆动物只有一个母本,得到的完全是母本的遗传信息。

早期的时候,科学家从发育到一定时期的一个胚胎A中取出细胞核,把它移植到一个去除了细胞核的卵细胞中去,经过培育后形成胚胎B,然后再植入到动物的子宫中去。这样,这个动物生出来的由胚胎B发育而成的小宝宝,和由原来那个胚胎A发育而成的小宝宝是完全一样的。多利羊也是克隆动物,但是,它是由体细胞克隆出来的。

虽然使用的技术是一样的,但是多利羊意义非凡。因为这样一来,将有无数相同的细胞可以利用。简单来说,假如发现一头母牛产奶量奇高,质量超好,那么就把它复制一大堆吧。当然,未来我们也分辨不出这一堆母牛谁是谁,因为它们全是一模一样的。

克隆技术一成熟,就把全世界吓得不轻。你想,要是哪天你家门口出现了一堆和你一模一样的人,你会不会当场晕倒?基于伦理道德等各方面原因,从各国政府到绝大多数科学家,都是反对克隆人的。

松树为什么不落叶？

陕西省西安市何家村小学张文杰同学问：

松树为什么不落叶？

问题关注指数：★★★★★

你冷吗？要不要我给你糊一层泥巴？

没事。我扛得住。

没错，松树是常青树，即使在冬天也是满树绿叶。不过，如果就此以为松树是不落叶的，那绝对是个错觉。松树也是会落叶的。

松树既耐寒又耐旱，大多生长在寒带和高山地区。由于那里比较干旱和寒冷，为了能更好地活下去，松树演化出了一些特别的本领，主要体现在它的树叶上。

松树的树叶是顶端尖尖的针形，称为松针。由于树叶越大，水分流失越快，生长在缺水地方的松树经不起这样的折腾，便形成了松针。松针表面不但有厚厚的角质层，而且还有密密的绒毛，这样能有效减少水分的蒸发。同时，叶片内因为有松脂，当气温降低以后，细胞内的液体浓度增大，更多的糖分使得它能够对抗冰冻。由于叶片的结构既能抗旱又能抗寒，所以，松树的叶片就没必要在冬天像剃头一样哗哗地掉落。

但是，每一片叶片都不是长命百岁的，到时候也要掉下来。由于每一叶松针的"老年期"不是同时到来的，因此脱落也不是同时的，而且总要长出新叶后再掉老叶，给我们的感觉就是松树是长青的。

事实上，松针不但会脱落，而且冬天的绿色也不是很鲜艳，有时甚至会有点发红。这是由于冬天温度低，叶绿素的生成受到抑制，而花青素在叶片中的含量相对有所增加造成的。这种变化也是为了减少松树的生理活动，让它可以安全地度过冬天。

松树也不都是常青树，落叶松就是一类落叶的乔木。和大多数植物一样，也是春天发芽，夏天茂盛，秋天枯黄，冬天凋零。这是因为它们扛不住北方和高山地区的严寒及干旱所致。

榕树为什么能独木成林?

河南省安阳市红庙街小学程蕾同学问:

榕树为什么能独木成林?

问题关注指数: ★ ★ ★ ★

在我国南方,榕树是一类比较常见的树种。它可以占据数千平方米的地盘,乍一看,宛如一片小小的林子。人们因此给它起了个雅号——独木成林。

榕树有独木成林的本事,最主要得感谢它的气生根。什么是气生根呢?榕树的枝条上会长出很多根,这些根最初是悬垂在空气中的,叫作气生根。慢慢地,垂落的气生根钻进泥土里,并发育变粗。由于榕树的气生根一方面起到了根的作用,可以吸收泥土中的养料和水分;另一方面起到了支撑的作用,可以顶住树枝的重量。因此,榕树就能不断向外扩展,把自己变得像个巨人一样。

一棵巨大的树,周围配上几百上千条气生根;一个巨大的树冠,上面点缀着无数昆虫小鸟,这样的景象确实配得上森林的称号。

榕树被称为独木成林,除了以上这些表面现象之外,还因为在这一棵树上,可以反映热带雨林的很多重要特征。当一些鸟儿吃下榕树的果实,并把其中无法消化的种子拉出来后,生命力顽强的榕树后代就在棕榈树、铁杉树等树干枝条上发育,并用不断生长的气生根包围这些植物,抢夺它们的养料,最终把它们置于死地。

我国南方的福建省福州市,由于气候温暖湿润,非常适合榕树生长,长期以来种植了大量榕树,因而被称为"榕城"。

89

树木为什么大都长得挺高大？
树木最高能长到多高？是什么树？

陕西省西安市何家村小学赵思玥同学问：

树木为什么大都长得挺高大？树木最高能长到多高？是什么树？

问题关注指数：★★★★

大家都是一个娘生的，你算什么意思嘛！

这里提到的树，通常指的是乔木。一种植物要想被称为乔木，首先必须是木本植物，得有一根直立的主干，科学名词叫茎；其次它长大后必须要高大，最起码要有6米的高度。落叶不落叶倒是不计较的，因此，乔木又被分为常绿乔木和落叶乔木两大类。

需要注意的是，这里所说的高大，是指长成以后，小树苗是不算在里面的。

虽然说树木都是高大的，但它们之间的差别也非常大。目前知道的还活着的最高一棵树，是生长在美国加利福尼亚蒙哥马利国家自然保护区内的一棵红杉树，高达112米。曾经存活过的高度冠军另有其树，那是生长在澳大利亚维多利亚州的一棵桉树，1872年测量到的高度达到骇人的150多米。

树木之所以能长高，除了种类这个最关键的要素之外，主要是看生长的环境中养料和水分的供应是否充足。其次还得看阳光和空间是不是足够。在热带森林中，抢先一步长出来的树往往能长得很高大。而因为种种原因落后一步的，则有可能一直被死死地压在阴暗的环境中，因为阳光都已经被领先者的树冠层挡住了。

在乔木中，生长最快的是一种热带合欢树。在一年的时间里，这种树就可以长高10米。

联想快车

竹子长得快是我们大家公认的。有些竹子就像打过激素一样，三天就能长高1米。不过竹子不是乔木，而是禾本科植物。它和绝大多数粮食，比如稻子、麦子，都是亲戚。

树的**年轮**是**怎样**形成的?

广东省广州市惠福西路小学施蕴轩同学问:

树的年轮是怎样形成的?

问题关注指数: ★ ★ ★ ★

当我们参观植物园或者自然保护区的时候, 别人经常会指着那些几人合抱的大树告诉我们, 这棵树有300年了, 那棵树有500年了。那么, 他们是怎么知道这些树的年龄的呢? 这就要看年轮了。

一棵树在生长过程中不断变粗, 靠的是树干中细胞分裂活跃的形成层。春夏时节, 气候温暖, 雨量充沛, 形成层的细胞分裂非常快, 形成的细胞体积大, 细胞壁薄; 水分多, 纤维少。这样长出来的木材就比较松, 颜色也相对淡一些。到了秋冬时节, 气温降低, 水量减少, 细胞分裂就慢了下来, 形成的细胞体积小, 细胞壁厚; 水分少, 纤维多。这样长出来的木材就比较紧, 显得致密而颜色深。

假设我们把树干锯断, 会看到上面有一圈一圈的圆, 这些圆是一圈浅色和一圈深色交替出现的。一圈浅色加上一圈深色, 就是这棵树一年的年轮。数一数有多少年轮, 就可以知道这棵树有多大了。

现在有一种工具, 可以像做手术一样从树皮钻进去, 取出很薄的一片来确定树的准确年龄。

但这种方法只适合于那些温带树种。而热带树种由于长年处在温度较高和雨水较多的环境下, 生长速度差异较小, 年轮很难分辨。

世界各地都有很多树王或者树爷爷。世界上最大的一棵树在意大利的西西里, 那里的一棵欧洲栗树在18世纪90年代的时候, 周长就有近58米。

松针能安全过冬，为什么大叶片的冬青也能四季常绿？

广东省普宁市流沙第一实验小学陈丽旬同学问：

松针能安全过冬，为什么大叶片的冬青也能四季常绿？

问题关注指数：★★★★

好问题！所有的解释都说，大叶片很容易散发水分，所以松树选择了针叶，这样就避免了水分的快速蒸发。既然如此，那么同为长青植物的冬青有什么高明之处，能够张着大大的叶片，一点儿也没事呢？

冬青在我国大多分布在长江以南。如果你能够从南走到北，就会发现越往北走冬青树越少。到了北方就没有什么冬青了。

冬青有耐寒的特点，但同时它也喜欢温暖潮湿的环境。雨水多点没问题，但少了就不行了。寒冷虽然也扛得住，但温暖的阳光更好。这些特点使得北方不太适合冬青生长。

不过，南方的秋天也干燥得很，为什么冬青就不怕流失水分呢？这是因为冬青有革质的树叶，就像是在叶片表面涂了一层蜡一样。

说起来，这种革质的树叶最初是为了防止水分太多。因为南方多雨，如果叶片浸润在雨水中，时间长了就会烂掉，而革质的表面能够防止太多水分进入叶片。反过来，革质表面也能够防止水分过快地流失，这就使得叶片流失水分的危害一点儿也不大。

由此我们可以看出，在不太寒冷和雨水较多的南方，由于冬青树为叶片配备了一道革质层，才使得冬青虽然树叶挺大，但也无须用落叶来保护体内水分。

一些住在北方的人也试着把冬青移植过去培育，不过结果总是不太理想。有时候，到了北方的冬青会一反常态，在冬天掉叶子，这也是无法适应环境的一种反应吧。

雨林里的树为什么不会烂掉?

陕西省西安市何家村小学王晨阳同学问:

雨林里的树为什么不会烂掉?

问题关注指数: ★★★★

雨林,顾名思义,就是雨量充沛的森林。大多数的雨林处于热带地区,所以我们比较熟悉的名词是热带雨林。在热带雨林里,年平均降雨量超过了2000毫米。我们在平时的生活中,可以发现洪涝和旱灾是同样可怕的。比如我们养的花花草草,如果你一段时间不浇水,它可能干死;但如果你浇水太勤快,它也可能涝死。可是,热带雨林里的植物好像并不在意。它们不但活得好好的,而且无论种类还是数量都很多。于是,问题就来了:这些树怎么不会烂掉呢?

首先,热带雨林的面积大、土壤多。植物的根在地下盘根错节,仿佛一张大网,互相交织在一起,既牢牢地拉住土壤不让它们流失,又互相搀扶着接收水分,这样就使得这块土地能够吸收的水量很大。其次,热带地区气温高、阳光充足,雨林里的水虽然多,但蒸腾也快。再次,热带植物大多为阔叶植物,需要消耗的水分也多。最后,能够在热带雨林中长得滋润的植物,包括树木,本身就喜好湿润的环境。

当然,热带雨林的大多数植物还有宽大的树叶,雨水如果长时间停留在树叶上,还是会烂掉的。这你也不用担心。仔细去看看那些大树叶吧,它们的叶脉就像排水管,而尾端的那个叶尖就是出口。树叶上的水会顺着叶脉流到叶尖,再从叶尖慢慢滴下去,一点儿也没事。

生长在海涂红树林里的红树,有着令人惊异的特殊本领。潮水上涨的时候,它们的根都泡在水里,却没有烂掉。为了保持呼吸畅通,红树林长出了许多气生根和呼吸根,可以帮助它们呼吸空气。

梧桐树为什么先开花后长叶？

广东省广州市惠福西路小学周筱妍同学问：

梧桐树为什么先开花后长叶？

问题关注指数：★★★★★

你怎么回事？要过冬了还开花？

不会吧，挺暖和的呀！

秋天，当树叶飘落、枝头凋零的时候，树枝上其实是有着小小的芽儿的。在这些芽中，隐藏着未来花和叶的雏形。到了春天，气温上升，万物复苏，芽中各部分的细胞分裂开始加快，花和叶慢慢绽开笑脸，呈现出一个色彩斑斓的世界。

在这些芽中，未来要长成枝叶的叫叶芽；未来要长成花朵的叫花芽；也有的是枝叶和花朵混合在一块儿的，叫混合芽。这些芽什么时候生长开放，是根据这种植物本身的特点决定的。有些植物的叶芽生长对气温的要求低，那么这种植物就先长枝条和树叶；有些植物的花芽生长对气温的要求低，那么它们就先开花再长枝条和树叶；也有的叶芽和花芽对气温的要求差不多，那么就会同时开放。

一般常见的植物大多是先叶后花的，不过桃树的叶片和花朵几乎在春天同时开放，这就意味着它们的叶芽和花芽对外界温度的要求是差不多的；而梧桐和蜡梅、玉兰、紫荆等则是先开花，后长叶，这也告诉我们，与叶芽相比，它们的花芽生长要求的温度比较低。

随着气候变暖，有人还发现，到了11月份，有的梧桐树也会不合时令地开花。虽然花儿可能没有春天那么茂盛，色彩也不很鲜艳，但也印证了以上的道理，即梧桐的花芽生长对气温的要求确实比较低。

知识词典

大部分情况下我们所说的梧桐，科学名称叫悬铃木。由于悬铃木的树叶和梧桐树叶很像，而且当初是由法国人最先引种到我国上海的，所以就把它叫作法国梧桐，简称梧桐。悬铃木不是梧桐家族的成员。

仙人掌为什么要长刺？

陕西省西安市何家村小学陈尔东同学问：

仙人掌为什么要长刺？

问题关注指数：★★★★★

仙人掌真是奇怪，好好的叶子不长，却浑身冒刺，这是什么道理呢？

其实，仙人掌的这种模样也是被环境逼出来的。原先的时候，仙人掌和其他大多数植物一样，也有宽宽的叶子。可是，随着环境的变化，原本湿润的气候逐渐变得干燥起来，仙人掌不知不觉地成了沙漠植物。这时候，宽大的叶片就不再合适了。

叶片虽然有营养自身的功能，但是它也散发了植物体内绝大多数的水分。身处沙漠中，如果还任由体内不多的水分大量蒸腾，仙人掌就没命了。于是，它们的叶子开始变化，先是变成圆筒状，后来干脆变成了尖尖的刺。

这样一来，谁为它进行光合作用呢？别担心，仙人掌那或粗大或扁平的茎可以担当。不仅如此，面对干旱的环境，仙人掌的茎还变得肉鼓鼓的，里面储存了大量的水分，可以满足植物生长的需要。

有人要问了，那也没必要变成刺呀，你变成细细的条状也可以啊。你可别忘了，在沙漠中，还有不少动物呢。这些动物也是成天渴得难受，如果仙人掌没有保卫自己的手段，那就别在沙漠里混了，早就被各种动物吃个精光了。这些刺，也是它对付觊觎者的手段。

如果沙漠里很长时间不下雨，仙人掌还会选择暂时休眠。而一旦有雨水出现，它就会立刻清醒过来，并发展根系拼命"喝水"，有可能的话，还会开花结果，完成自己的传宗接代。

有些野生仙人掌含有有毒成分，对人的神经有致幻作用。不过，现在人们培育出了不少可食用的仙人掌，那可是不大容易吃到的健康食品呢！

向日葵为什么向阳开放?

广东省普宁市流沙第一实验小学罗浩鑫同学问:

向日葵为什么向阳开放?

问题关注指数: ★★★★★

确实,向日葵在从发芽到花盘盛开之前的这段时间内,其叶子和花盘会追随着太阳从东转向西。到了太阳下山以后,再慢慢地转回东方。那么,向日葵的这种特性隐藏着什么秘密呢?

从表面上看,是向日葵的花盘在转动,而从本质上看,其实是向日葵的茎在弯曲。英国生物学家达尔文早就已经注意到了这个现象。达尔文发现,稻和麦的幼苗会在阳光的照射下,自然向太阳的方向弯曲。可如果这些幼苗的顶端被切断或者遮盖,幼苗就不再向阳弯曲。当时,达尔文只是认为,幼苗的顶端一定藏着某种物质,会影响幼苗的弯曲。后来的不少科学家也通过实验证实了植物幼苗顶端的蹊跷,于是开始下大力气研究。

到了1933年,谜底被揭开了。化学家从幼苗的顶端分离出了好几种物质。这些物质对植物的生长确实有刺激作用,它们能够让幼苗背对着太阳的一面加速细胞分裂,从而把幼苗压向向阳的一面。这些奇妙的物质就被称为植物生长素。当太阳在天上移动的时候,背对着太阳的那面始终处于细胞快速分裂状态,因此茎就会弯向细胞分裂慢的向阳一面,植物的幼苗就会随着太阳移动了。

不过,当向日葵花盘盛开后就不会再移动了,而是始终朝东。

盛开后的向日葵花盘不跟着太阳转也是有道理的。旭日不仅可以早点晒干露水,而且能够把花盘温暖,这样就能吸引昆虫来传花授粉。而正午的烈日不仅会灼伤花粉,还会因为高温吓退昆虫。

为什么竹子死之前会开花？

广东省广州市惠福西路小学陆虹宇同学问：

为什么竹子死之前会开花？

问题关注指数：★★★★★

不是竹子死亡之前要开花，而是竹子开花之后要死亡，因果关系可不能颠倒哦！那么，自然界有很多开花植物，比如苹果树、梨树，为什么年年开花也不死，而竹子一开花就要死呢？

植物从种子萌发到生长发育，再到开花结果产生新的种子随后死亡，是它的一个生命周期。有的植物在一年之中就完成了全部生命周期，它们被称为一年生植物。生命周期在两年以上的叫多年生植物，竹子就是多年生植物。

我已经够老了，该让给小辈了。

别开花！你想饿死我们啊？

不过竹子还有它的特殊性。苹果树也是多年生植物，它们年年开花，年年长出苹果，属于多年生多次开花植物。而竹子平时不开花，一开花紧接着就死亡，属于多年生一次开花植物。因为竹子的生命周期各不相同，很多种类几十年开一次花，也有的一百多年才开一次花。因此，我们平时不太看到竹子开花。也正因为如此，当竹子开花后，人们会认为这是个不祥的征兆。

其实，竹子开花主要是遇到了特殊的外在条件。比如，当它的生长环境遭遇缺水和营养不良时，它就会集中全部的能量，地下不再出笋，身上叶片脱落，为的就是开花、结果，留下下一代。

竹子的开花、结果消耗了它全部的养分，接下来的死亡就是必然的了。从这一点上来说，竹子也是位了不起的"母亲"。

我们赖以生存的粮食作物——水稻和小麦，和竹子是同属禾本科的表亲，也是开花后就死亡。它们把所有的营养都贡献给了种子，自己则从青春的嫩绿变成了老迈的焦黄。

含羞草为什么会"害羞"？

广东省广州市惠福西路小学梁璐莹同学问：

含羞草为什么会"害羞"？

问题关注指数：★★★★★

如果有人不经意地触碰了含羞草，它会将叶柄下垂，叶子闭合，好像很害羞的样子。所以人们给它取名为"含羞草"。

含羞草真的是因为怕羞，才把叶子闭合起来的吗？不是的，含羞草的"害羞"是它的一种自我保护措施。它的老家在南美洲的巴西，那里常有热带的大雨。当雨滴打到它的叶子时，叶片立即闭合，就能躲避狂风暴雨对它的伤害。这是它对环境的一种适应。另外，要是有动物触碰了它，它合拢叶子，动物也可能因受惊而不敢再吃它了。

含羞草的叶片能够迅速闭合，和它的叶柄基部有个被称为叶枕的特殊构造有关。平时，叶枕里面储满了水。当叶片受到触及的时候，震动会迅速传到叶枕。这时叶枕细胞中的水就像接到了命令一样，立刻涌向两侧和上方，导致叶柄迅速下垂，叶子闭合。如果外界的刺激足够大，那么数秒钟之内，含羞草所有的叶子都会闭合起来。等过上一会儿，外界的刺激消失之后，叶柄上部的水又会慢慢流回到叶枕中，含羞草的叶片才会重新展开。

像含羞草一样，原产于北美的食虫植物捕蝇草，也能使它的叶片——捕虫夹闭合起来。当虫子被诱入捕蝇草设置的"陷阱"捕虫夹的时候，受到虫子触动的捕虫夹便迅速地关闭起来，形成一个令虫子无法逃脱的"牢笼"，直到里面的猎物被消化干净，才再度展开来。

捕蝇草的捕虫夹里含有蜜腺，会分泌出香甜的蜜汁引诱昆虫。当昆虫上当进入时，触碰到生长于叶缘上的刺毛，捕蝇草就知道有猎物送上门来了。当叶子快速闭合将昆虫夹住时，刺毛还会紧紧咬合，防止猎物逃脱。

一粒小小的种子为什么能长成参天大树呢?

陕西省西安市何家村小学霍倩倩同学问:

一粒小小的种子为什么能长成参天大树呢?

问题关注指数:★★★★★★

这个问题问得不太全面。小草也是由一粒种子长出来的,而且种子并不都能用"小小的"这样的形容词来称呼,大大的椰子也是一粒种子呢!

自然界大概有25万种开花植物,它们都会产生种子。大多数植物的种子是藏在果实里的,它们被称为被子植物。但针叶树、苏铁和银杏等植物的种子外面没有果实包着,被称为裸子植物。

植物开花以后,就会通过昆虫、风或者其他途径传播花粉,卵细胞在授粉后慢慢发育成种子。有些果实中包含着很多种子,比如向日葵的花盘;有的果实中只有一颗种子,比如榛子。种子在成熟以后,就会进入休眠状态,等待机会向更广阔的地方散布。

种子的散布有很多方式。有的靠"飞翔",比如蒲公英的种子。有的靠"游泳",椰子树之所以长在海边,就是因为当椰子(种子)成熟以后,可以掉到水里,然后顺水而下,最后被冲到另一个岸上。还有的靠"爆破",比如天竺葵的果实会像炸弹一样炸开。

种子在遇到合适的土壤后,在合适的气候下,就会发芽生长。至于它能不能长成一棵参天大树,完全取决于它的基因。当然,充足的营养和一定长的时间也是不可或缺的。

开心驿站

一棵参天大树,很难想象它是从一粒小种子发育而来的。其实,动物界中也有不少这种情况。大熊猫够大吧?但你见过它的孩子吗?让我来告诉你吧,刚出生的熊猫宝宝最轻的只有不到100克,就像一只小老鼠那么大!

为什么平常的植物种子在太空中结的果实比地球上的要大一些呢？

陕西省西安市何家村小学骆建超同学问：

为什么平常的植物种子在太空中结的果实比地球上的要大一些呢？

问题关注指数：★★★★★

自从植物在地球上出现以来，由于受到环境变化的影响，一直处在变化之中，只不过这种变化是非常缓慢的。后来，人们发现，通过人为手段能够加速植物的变化，杂交水稻就是很好的例子。

一株植物长成什么样，取决于种子里的基因。种子或者植物的变化，关键还是基因的变化。植物种子在地球上无论怎样千变万化，都是逃不脱地球这个大环境的。当人类造出航天器以后，自然会产生一个想法：如果把种子带入太空，然后再种出来，会怎么样呢？之所以会有这种想法，是因为在太空中，不但宇宙射线极其强烈，而且是真空状态，重力也几乎为零。在这种完全不同于地球的环境中，诸多因素会诱使种子的基因产生变异。

我国在1987年第一次把植物的种子通过返回式卫星带上了太空，至今已经完成了几千个品种的太空育种试验。对从太空返回的种子进行筛选以后，找到了数百个优质种子。

山东泰安有一个太空蔬菜育种基地，里面培育了很多品种的太空蔬菜。那里的太空茄子可以长到5千克一个，比你想象的大多了吧？

超大的太空茄子、太空黄瓜、太空番茄等在让你惊愕的同时，是不是也会让你感到害怕——这样的怪胎能吃吗？其实，太空蔬菜和一般的蔬菜同样安全。

为什么有些树枝插进土里能长出一棵树？

陕西省西安市何家村小学张金萌同学问：

为什么有些树枝插进土里能长出一棵树？

问题关注指数：★★★★

我们已经知道，种子植物延续后代是在植物开花以后，通过昆虫或者风等媒介，传花授粉形成种子，然后再由种子萌发，才能长出新的植物。可是，我们经常会剪下某一株植物的枝条，把它插在泥土里，慢慢地，一株幼芽就会出现了，这叫作扦插。如果你挖开土看一下，还会发现下面长出了稀稀拉拉的根。难道种子植物不需要种子来萌发吗？

当然不是。通过种子萌发生成一株新植物是种子植物的特点。但是，扦插有时候确实能够成功也是有原因的。

并不是所有植物都可以通过扦插成活。能够扦插繁殖的植物有一个先决条件，那就是这种植物的根、茎、叶中的形成层组织内，细胞分裂能力超强。一旦遇到合适的外部条件就可以迅速分裂，产生类似根或者芽的原始体，并以此为起点，最终生成新的根与芽。

在自然界中，只要给予合适的环境，杨树、柳树、枣树、石榴、月季、桂花等都可以通过扦插繁殖；而那些形成层的细胞分裂强度不够的植物则不适合扦插，如玉兰、泡桐、松树等等。

当然，扦插也是一门技术，需要慢慢摸索与体会。如果你深入地了解植物的扦插，会发现这里面学问可大呢！

许多果树的生长都用到了嫁接技术。嫁接是不同植株的枝条合二为一地生长在一起。它的原理是两根枝条的形成层组织中拥有很强分裂能力的细胞，当这些细胞大量分裂后，互相融合形成了统一的输导组织。两根不同的枝条合二为一，嫁接就成功了。

树叶的正反面为什么颜色不一样？

陕西省西安市何家村小学徐聂尚同学问：

树叶的正反面为什么颜色不一样？

问题关注指数：★★★★★

朋友好像没什么精神啊？

哪像你，有钱涂蜡质化妆品！

根据叶子的大体形状，树木可以分为两类：一类叫针叶树，一类叫阔叶树。针叶树的叶子像针一样，基本没什么正面和背面之分。阔叶树的叶子大多宽而平坦，不过叶形变化很大：有的三角形，有的圆形，有的心形……无论形状怎样变化，树叶的正面和背面都是有差别的：正面更绿，且比较明亮；而背面则比较黯淡。这里面有什么讲究吗？

树叶正面更绿的奥秘就在于它对着阳光。我们知道植物是靠光合作用来获取营养的。为了合成更多营养，叶片正面集聚了大量细胞。这些细胞排列整齐而紧密，细胞内的叶绿体丰富，因而显出了深绿色。而颜色越深，能够吸收的光能量也就越多。反之，叶片背面的细胞就比较松散。

另外，由于叶片越大，水分的蒸腾也越多。因此，叶片还需要避免水分的更快蒸腾。于是，很多植物的叶片正面都有一层蜡质表层，这样能防止水分流失。叶片的背面有气孔，氧气和二氧化碳从这里进出，加上光照不强烈，蒸腾不明显，所以一般不需要蜡质层。

但是树叶这种正面深、背面浅的模式，在茂密的森林里也会有变化。由于那里枝繁叶茂，到达地面的阳光很少。因此，一些草本和低矮灌木的叶片背面会比正面更深——就为了不让一点儿光漏过去。

知识词典

和老叶子相比，新长出的叶子颜色更鲜艳。这是因为它刚长出来，吸收了足量的氮肥，而氮是合成叶绿素的主要原料。叶绿素越多，树叶自然更绿。

大王花为什么开臭花?

陕西省西安市何家村小学许静蕾同学问:

大王花为什么开臭花?

问题关注指数:★★★★★

在东南亚的热带雨林里,生长着一种世界上最奇怪的植物。这种植物既没有茎,也没有叶,却能够开出世界上最大的花,这就是大王花。

大王花的直径可以达到60～90厘米,超级大的可以超过1米。不过,让人十分奇怪的是,这朵花却是奇臭无比。每当大王花盛开之时,其臭味总会引来无数苍蝇。那么,大王花为什么要开臭花呢?

所有的生物都有一项重要的任务,那就是传宗接代。和动物不同,植物不能拖着身子跑来跑去地相亲,那就只能委托"媒人"帮忙。当春夏季节来到时,最忙碌的是各种昆虫,它们就是植物们请来的"媒人"。植物们绽放花朵,请"媒人"进去吃花蜜。出来的时候,昆虫的身上就沾上了雄性花药室里的花粉。当"媒人"飞到另一朵花上继续享受花蜜时,它就把花粉带进了雌性花的柱头内。这时候,植物的授粉就完成了。

因此,大王花开这么大的花,也是为了传宗接代。不过,它吸引的"媒人"也是有针对性的。大王花开花时,它的壶状圆盘内侧,会强烈地释放出一股臭味。有一种叫作金代蝇的昆虫,受到这股臭味的吸引,会发疯一般地赶来,在花前花后飞舞寻觅,以为这里藏着上好的食物。等到它们最终发现什么也没有时,授粉的工作已经悄然完成。大王花就是用这种特殊的伎俩,来完成自己的传宗接代大事。

还有一种名叫巨魔芋的花,虽然没有大王花大,却是世界上最高的花。和大王花一样,巨魔芋也生长在东南亚的热带丛林中,也散发出腐尸一般的恶臭气味。

花为什么会散发出香味？

陕西省西安市何家村小学赵萌同学问：

花为什么会散发出香味？

问题关注指数：★★★★★

我们先得澄清一个概念：植物开花的时候，并不都是"花香四溢""香飘万里"，有的丝毫没有香味，有的甚至还有让人恶心的臭味。那么，那些有香味的花，究竟是如何产生花香的呢？它们又为什么要发出香味呢？

植物在生长过程中，经过新陈代谢会产生一些挥发油。起初，这些挥发油分布在植物的全身。此后，它们会根据植物自身的生理特点，向某些部位集中。不过，大多数的挥发油，最后还是集中到了花瓣中。

当花儿开放的时候，花瓣中的挥发油就会慢慢地挥发出来。而且，阳光越是强烈，挥发油的挥发就越快，香气也就越浓烈。

和百花争艳的情况一样，植物发出各种各样的香气，主要作用也是吸引昆虫前来采蜜，并在采蜜的过程中为它传播花粉。如果你仔细观察，还会发现一个秘密：那些花儿异常美丽的植物，大多数没有什么香气；而那些花儿比较素雅的植物，却常常香气扑鼻。这其中的原因，主要是因为植物的终极目标是完成传宗接代。不管用什么方法，只要能把昆虫们吸引过来，完成授粉就可以了。

当然，具有灵敏嗅觉的昆虫也是很重要的一环。否则的话，香花就没有欣赏的对象，也就没法儿传播花粉了。

联想快车

夜来香是在夜间开放的，在夜晚散发出浓烈的香气。原来，夜来香是靠夜蛾授粉的。如果它开的花香气不足，又怎能吸引来夜蛾呢？

花为什么有各种各样的颜色？

陕西省西安市何家村小学贾雨欣同学问：

花为什么有各种各样的颜色？

问题关注指数：★★★★★

当花儿展开花苞外面的萼片时，绽开的花朵色彩多样而艳丽，真是五彩缤纷，让人叹为观止。那么，花儿为什么会有这么多鲜艳的色彩呢？

花儿的颜色主要是花青素和胡萝卜素变的把戏。这两种色素把花儿大致分成了两个小组：

第一小组是红、紫和蓝，它们的领导是花青素。花青素是一种有机色素，只要酸碱度和温度有点变化，它就要变色。当花儿处于酸性环境时，它就变红。酸性越强，红得越艳。当花儿处于碱性环境时，它就变蓝。碱性越强，蓝得越深；而当环境不酸不碱，比较中性时，花儿就是紫色。

第二小组是黄、橙、红，它们的领导是类胡萝卜素。看胡萝卜的颜色，就知道胡萝卜素的家底是橙色了。那么类胡萝卜素，也就在橙色附近摇摆。细细算起来，总共有好几十种呢。

花儿中还有特别行动队，那就是白花。白花是不含色素的花，反射了全部的阳光，当然就显出白色了。不过，有些白花上也会点缀一些不同的色彩，非常的赏心悦目，这就表明其中含有少量的色素。

我国著名的科普作家贾祖璋，写过一篇很有名的小品文，叫《花儿为什么这样红》。有兴趣的你可以去读一读，或许还能在其中找到花儿色彩变化的更多道理呢！

有不少花会有黑色花斑的点缀，但自然界中没有纯黑色的花。原因是黑色会吸收全部光波，很快就会被灼伤。专家告诫我们夏天不要穿黑色的衣服在阳光下暴晒，道理是一样的。

花为什么冬天都谢了春天又开了？

陕西省西安市何家村小学杜宇萱同学问：

花为什么冬天都谢了春天又开了？

问题关注指数：★★★★

花开花落是自然界的常态。每一个季节都有很多花开放，也有很多花落下。不同的花花期不同，绽放的长短也不同：有的可以维持好几个月，有的当天就完成了花开花谢的全部过程。

不过，大部分花确实在春天开放。春天，万物复苏，生机勃勃。随着动物们醒来，花儿也次第开放，用万紫千红和花香四溢来迎接这个温暖的新世界。植物的千娇百媚，并不是因为它们有什么好心情，而是只有一个愿望——繁殖后代。

春天一到，蛰伏了一个冬天的昆虫们都争先恐后地醒过来，开始发育生长。虫儿要长大，必须得有吃的。这时，甜甜的花蜜已经为它们准备好了。

这就是大多数植物在春天开花的理由。依靠昆虫授粉的花，简称虫媒花。花儿吸引昆虫无非两大绝招：一是气味，二是色彩。走气味这条路的，多往香甜上发展；而走色彩这条路的，就必须往鲜艳上发展。否则人家昆虫看不上眼，那后代的延续可就麻烦了。

其实，在春天开花的植物并不会熬到冬天再谢，事实上不少花很快就谢了。因为开花只是植物繁殖的第一步，接下来还要完成授粉、受精、种子发育等好几个阶段。那些一年生的草本植物在一年内就要完成从种子萌发到果实成熟的整个过程，怎么能等到冬天才谢呢？

不同色彩的花吸引的昆虫也不同。蓝色、黄色、粉色等艳丽的花，主要吸引蜜蜂和蝴蝶；而白色的花，则主要吸引夜晚出来的蛾子。

花的妈妈是谁？

陕西省西安市何家村小学郭佳佳同学问：

花的妈妈是谁？

问题关注指数：★★★★★

这位同学一定看过一个脑筋急转弯：花的妈妈是谁？答案是妙笔，因为"妙笔生花"。从科学的角度来看，花的妈妈就是植物本身，因为花是植物的繁殖器官。

现在的大多数植物属于种子植物。种子植物是通过种子发育长大的。而种子是雄蕊花粉中的精子与雌蕊中的卵细胞结合后，在花朵中形成的。因此，没有花，也就不会有种子植物的后代。

一株完整的植物由根、茎、叶和花四部分组成。根负责把植物固定住，并吸收水分和养料；茎负责支撑叶和花，并且用管道把从根那里获得的养料和水分输送过去；叶是能源制造工厂，负责利用阳光来制造糖分；而花则负责繁殖后代。了解了植物的这些基本构造后，我们就会知道，花是植物在长期演化过程中必然产生的。

植物的花可以分为完全花和不完全花。完全花指的是花有萼片、花瓣、雄蕊和雌蕊四个部分；如果缺少其中之一，就是不完全花。

花也有单性花和双性花之分。有的花只有雄蕊，称为雄性花；有的花只有雌蕊，称为雌性花。不管是雄性花还是雌性花，都叫单性花。假如一朵花上既有雄蕊又有雌蕊，那么就叫双性花。

有的单性花是长在不同株植物上的，这叫雌雄异株；而有的单性花是长在同一株植物上的，这叫雌雄同株。

所有的树都是有花的。但是针叶树的花和阔叶树的花相比，通常都比较小，这和它们的树叶是般配的。

为什么西红柿没成熟之前是绿色的，而成熟了之后又变色了呢？

陕西省西安市何家村小学李珂欣同学问：

为什么西红柿没成熟之前是绿色的，而成熟了之后又变色了呢？

问题关注指数：★★★★★

是的，西红柿在成熟前后，确实在颜色上有极大的不同。事实上，很多植物的果实在成熟前后，颜色都会有变化。

如果你再仔细观察，会发现变色还可以分为外变色和内变色两类。所谓外变色就是仅仅是果皮变色。而西红柿则是内变色，也就是果皮和果肉一起变色。这是怎么回事呢？

不管是哪一种变色，说到底都是色素的改变。我们已经知道，有些落叶树的树叶在生长期是绿色的，但在秋天就会变成红色或者黄色，是由于树叶中的叶绿素减少了，其中的花青素、类胡萝卜素显现了出来。西红柿在成熟前后的颜色变化也是这个道理。

随着西红柿的成熟，果实中的叶绿素酶不断增加。这种酶会分解叶绿素，使得叶绿素减少以至消失。这样，本来就潜伏在果实中的番茄红素（类胡萝卜素的一种）就显现出来了。

果实成熟后，口感也改变了。本来是既青涩又酸硬，成熟后变得既松软又香甜。这些变化缘于果实中的化学反应。随着果实的逐渐成熟，各种酶会陆续出现，由此引起一系列的化学反应，从而把本来不怎么好吃的果实，变成了人见人爱的美味食品。

我们都知道，桃子在没成熟时又硬又涩，但成熟后却是松软无比。这是因为在没成熟的桃子中，果胶不但在果肉细胞中形成不溶于水的果胶层，而且还把果肉细胞紧紧地拉在一起。随着桃子逐渐成熟，果胶酶的活性不断增加。果胶酶松绑了果胶，桃子也就变得松软可口了。

苹果削皮后它的表面果肉为什么会变色？

陕西省西安市何家村小学王勇喆同学问：

苹果削皮后它的表面果肉为什么会变色？

问题关注指数：★★★★★

这属于一个很多人都熟视无睹的问题。大家都发现了这个现象，但真正想弄明白的人却不多。好比苹果成熟了就会从树上掉下来，但只有牛顿歪着脑袋想：苹果为什么要掉下来呢？它怎么没有飞上天呢？正是有了牛顿的好奇，才让人类发现了万有引力。

如果你仔细观察，会发现削皮后的苹果也不是一下子变色的，而是由白变黄，然后由黄变褐。其实，这代表了一个逐渐加强的化学反应。

苹果的果肉细胞中含有丰富的过氧化酶和多酚氧化酶。酶在化学反应中是一种催化剂。当苹果削皮以后，果肉就暴露在了空气中。在酶的推波助澜下，果肉中的酚类物质就和空气中的氧气发生化学反应，产生大量的醌类物质，使苹果的果肉迅速变成褐色。

了解了这个事实后，我们就知道，苹果最好是削皮后就吃掉。假如一时吃不掉，可以把苹果浸在冷开水、糖水或者盐水中，使果肉和空气隔离开来。这样，苹果细胞中的酚类物质就没办法氧化了。同时，浸泡在盐水中的生物酶还会丧失活性，也就无法使果肉变色了。

其实，不仅是苹果会变色，很多蔬菜也会出现这种情况，比如土豆。土豆削皮以后放在空气中，很快就会变黑。但如果放在水里浸泡着，就不会变了。这就是通过隔绝空气来杜绝氧化的办法。

水果用什么"呼吸"？

广东省广州市惠福西路小学关宇浠同学问：

水果用什么"呼吸"？

问题关注指数：★★★★★

不好意思。飘过来一个臭屁。

怎么回事？什么味道啊？

无论是在树上，还是在采摘之后，水果一直保持着呼吸。那么，水果是怎样呼吸的呢？

水果是通过细胞呼吸的。细胞通过呼吸消耗氧气，生成二氧化碳、水和能量。

水果一般在采摘的时候都是半生不熟的。如果那时你吃上一口，感觉不但坚硬，而且生涩，一点儿也不好吃。但放上一段时间后，水果就会变得柔软香甜。这其中的功劳，就要归功于水果的呼吸。

通过呼吸作用，果实内的大量有机酸被分解了，有的变成了糖，有的生成了水和二氧化碳。这样，果实的酸味就下降了。同时，果实中原本储存的大量淀粉也在呼吸过程中转化成了糖，果实自然就甜了。

未成熟的果实细胞中还有单宁，让我们吃起来感觉比较涩。单宁也会在呼吸过程中被氧化成过氧化物，那时涩味就消失了。

不过，果实表面的细胞能够呼吸还好理解，里面的细胞怎么呼吸呢？通过研究，人们发现，细胞和细胞之间是有空隙的。这些空隙形成了一个像蜘蛛网一样的通道，让外部的空气能够流到里面。当然，这些通道不是无限期保留的，在一段时间后，它们将会关闭。那时，里面的细胞就呼吸不到氧气了。因此，呼吸通道关闭之前是果实的最佳储存时间。适宜的温度、湿度和空气可以延长果实的储存时间。

开心驿站

科学家发现，苹果中的"呼吸通道"体积比梨子中的体积大了5倍，这就意味着苹果比梨子更容易得到新鲜空气。所以，苹果比梨子的存放时间要长。

香蕉里黑色的点是什么？

河南省安阳市红庙街小学宋涵同学问：

香蕉里黑色的点是什么？

问题关注指数：★★★★★

香蕉是一种热带和亚热带地区的水果。由于它味道好，又富含碳水化合物和维生素，因此深受人们的喜爱。现在我们几乎一年四季都可以吃到它。细心的同学会发现，有的香蕉的果肉里会有黑点或者深褐色的小点，这是怎么回事呢？

先要声明，并不是所有的香蕉里都有黑点的。不过，假如你发现香蕉里有黑点，那也不是脏东西，而是香蕉退化了的种子。

我们都知道，香蕉是一种开花植物。开花植物要繁殖后代，靠的是传粉、授粉、结籽，并由种子开始新生命的历程。我们平时吃水果，都会吃到果肉里面有一粒粒硬硬的小核，这就是它们的种子。按理说，香蕉也应该有种子，以方便繁殖。但是很奇怪，它的种子差不多已经见不着了。

原来，自然界中的香蕉本来是有种子的。但是，当个别植株发生基因突变以后，会形成没有种子的果实。人们发现，没有种子的香蕉吃起来口感更好。于是，人们就用无性繁殖的方式把它人工培育出来。我们现在吃到的香蕉就是人工培育的结果。人工培育就是用染色体为二倍体的植株和染色体为四倍体的植株进行杂交，培育出染色体为三倍体的植株。凡是具有三倍体染色体的植株，都不会产生有种子的后代。即使有，也是不能发育的退化的种子。

无籽香蕉里没有种子，是靠吸芽和地下茎进行繁殖的，属于无性繁殖。无籽西瓜是用种子种出来的，只不过也是二倍体西瓜和四倍体西瓜杂交后形成的三倍体西瓜里的种子。它能够长大，但没有繁殖能力。

黄瓜为什么长刺？

陕西省西安市何家村小学赵星池同学问：

黄瓜为什么长刺？

问题关注指数：★★★★

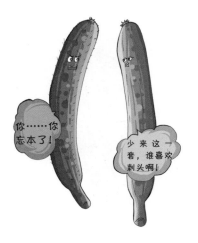

你……你忘本了！

少来这一套，谁喜欢刺头啊！

黄瓜的别名是胡瓜，把胡放在一样东西的前面，在古代中国一般是指外来的东西，比如胡萝卜、胡椒等。黄瓜就是我们的先人从西域（可能是印度）引进来的。黄瓜还有一个别名叫刺瓜，不用说，这个名字就是来源于黄瓜身上带着的刺了。那么，黄瓜的身上为什么要长刺呢？

我们现在看到的黄瓜，都是经过多年人工培育的品种。早先，生存于大自然中的黄瓜，身上不但多刺，而且苦味十足。从物种演化的常理去推断，这就是黄瓜的自我保护手段了。我们大家都吃过黄瓜，这样一种水分充足、口感清爽的果实，不但会受到植食动物的青睐，也会受到一些肉食或杂食动物的喜爱。如果没有一点儿自我保护措施，恐怕早就被吃光了，怎么可能延续下来呢？

当然，人类在掌握了各种培育手段后，会对黄瓜进行改良。虽然现在的大多数黄瓜仍然浑身带刺，但与野生的黄瓜比起来，已经不扎口了，而且苦味也没有了，显得更清爽、更干脆。不过，这也不是绝对的。有时候，在你咬下一口黄瓜后，仍然会感觉有点苦。这是因为黄瓜含有葫芦素C，这种苦味不太容易去掉，仍然时不时地会冒出来，形成返祖现象。

目前，一些欧美国家培育出的无刺黄瓜已行销世界。这种黄瓜因为身体光滑，农药残留更少，已经成为不少家庭的一种水果。

很多人觉得黄瓜名不符实，因为它明明就是绿的！其实，我们吃的都是还未真正成熟的黄瓜，这时候的黄瓜清脆可口。真正成熟的黄瓜就是黄色的，很多人称它为老黄瓜。

为什么水果放久了会烂掉？

广东省普宁市流沙第一实验小学陈秋生同学问：

为什么水果放久了会烂掉？

问题关注指数：★★★★★

其实哪一种食品放久了不会坏掉呢？即使你把食品放到冰箱里，那也是有时效的。因此，水果放久了会烂掉是一个必然的结果。当然，这里一定有元凶，那就是细菌和真菌。

飞来飞去的苍蝇是传播细菌的高手。因此，只要被苍蝇光临过，细菌就会自然而然来落户。水果成熟后香甜美味，苍蝇也是这样认为的。所以，好吃的水果沾染细菌的概率更高。

即使你对苍蝇等飞虫严防死守，空气你总防不住吧。空气中有无数你看不见的霉菌孢子。这些霉菌的孩子最喜欢温暖潮湿的环境，能找到成熟的水果为家，简直太幸福了。于是它们也开始生长、繁殖。很快，当你拿起一个水果的时候，就会发现某个地方出现毛茸茸的褐色、灰色或者绿色的斑点。这就是大量霉菌繁殖形成的菌落。

当水果腐烂之后，你千万别以为把烂掉的那部分挖掉就没事了。由于真菌等在水果中大量繁殖，必然产生许多有毒的代谢物，这些毒素可以通过果汁渗透到看上去还完好的那些地方。因此，仅仅挖掉腐烂的那部分是不够的。实验室的化验表明，即使在距离腐烂水果1厘米的"好"果肉中，仍然可以检出霉菌产生的毒素。所以，最好的建议是，水果烂了就别再吃了。

现在的很多水果为了保证长途运输后不腐烂，大多是在半生不熟的时候摘的。假如到达目的地后还没有熟，可以用乙烯进行催熟。或者把不熟的水果和熟了的水果放在一起，后者释放的乙烯也会催熟生水果。

植物为什么吸收

二氧化碳，呼出氧气？

陕西省西安市何家村小学丁佳怡同学问：

植物为什么吸收二氧化碳，呼出氧气？

问题关注指数：★★★★★

我们平时一直听说，植物吸收二氧化碳，呼出氧气。那么，植物是如何做到这一点的呢？

每一棵绿色植物都像是一座"化学工厂"。这座"工厂"的"工人"是含有叶绿素的绿色细胞。它们利用阳光、水和二氧化碳，生产供自己生长的糖，以及供其他生物呼吸的氧气。

今天空气真好。

绿色植物的叶子中间夹着厚厚的绿色细胞。绿色细胞中有很多小囊，被称为叶绿体。叶绿体中含有一种被称为叶绿素的化合物。

叶脉是输送的管道。它把从根部得到的水分送给叶子。叶片的上下表皮含有许多气孔。空气中的二氧化碳就从气孔进入叶子。

在太阳光的照射下，进入叶子的水被分解成了氢气和氧气。氢气和二氧化碳结合变成了糖；而氧气则从气孔中排了出来。

绿色植物在这样一个循环中，不但得到了自己生长所需要的糖，而且制造出了氧气。有些糖，植物会立刻消耗掉，同时分解出水和二氧化碳。还有些糖，植物会暂时把它变成大分子的淀粉储存起来，等到需要的时候再分解。而氧气，则是我们一刻也离不开的宝贝。

绿色植物越多，我们能够得到的氧气也就越多。所以，保护森林也是在保护我们自己。

联想快车

有的人晚上睡觉喜欢把植物搬进室内。其实，晚上植物是不能进行光合作用的，不但无法制造氧气，还会吸入氧气，排出二氧化碳。

为什么人死了活不过来，而植物死了却可以得到新生？

广东省普宁市流沙第一实验小学尚伟佳同学问：

为什么人死了活不过来，而植物死了却可以得到新生？

问题关注指数：★★★★

人死不能复生，植物死了同样如此。自然界生生不息，新生代替死亡，是不可违抗的自然规律。不然的话，地球上早就人满为患了。

在植物界，“百岁老人”比比皆是，“千岁寿星”也到处都有。迄今为止年龄最大的树，是非洲西部加那利群岛的一棵龙血树，估计超过8000岁。不过，它已经在1868年的一次风灾中被刮倒了。种种数据其实都在表明，植物是会死亡的。而且和人、动物的死亡一样，并没有什么特别之处。

一株植物死了，它的生命也就终止了。我们把植物分为一年生、两年生、多年生，就是因为这些植物在一年、两年或者多年之内，会完成从萌发到死亡的整个生命周期。如果要说它有新生，那是因为它把种子留了下来。当种子重新萌发，植物再次生长、开花、结果，肯定和原来的那株不一样了。我们只能说，植物的生命得到了延续。

与人类和动物的生命延续比较起来，植物的后代是种子，而人和动物的后代是生下的宝宝。但是从本质上来说，它们都是新的生命个体，都是上一代生命的延续。

有些植物在冬天来临时，地面上的茎叶就会枯萎，让人误以为它已经死了。可第二年春暖花开的时候，它又会重新长出茎叶来。其实，这是植物一种减少养分消耗、安全越冬的策略。此时，它地下的根茎仍然活着，并为来年的生长做好了准备。

森林会死亡吗？

广东省广州市惠福西路小学凌枫同学问：

森林会死亡吗？

问题关注指数：★★★★★

我们每天吸进氧气，呼出二氧化碳，好像天经地义。我们也知道，地球上之所以有氧气供我们呼吸，是因为有大片森林的关系。那么，假如森林死亡了呢？听到这个假设，你是不是不屑一顾？大片大片的森林相继出现枯萎甚至死亡，这怎么可能呢？但是，20世纪70年代，在德国，就曾发生过这种事情。

那时候，德国境内的赤松、云杉等先后落叶枯萎。短短的几年时间内，全德国75%的林地都受到了波及。很快，大片森林就只剩下光秃秃的树干了。不久，森林的死亡像瘟疫一样传到了瑞典、挪威甚至美国、加拿大。如此大规模的森林死亡是怎样引起的呢？

经过研究，科学家发现，罪魁祸首是酸雨。我们知道，下雨的时候，大气中的一些水溶性气体会顺雨而下，从而改变雨水的酸度。正常来说，雨水的酸度为pH5.6。可是在工业发达国家，由于工厂、汽车日复一日地大量排放二氧化硫和氮氧化合物，使得雨水的pH值达到了4，严重的甚至在3以下，比我们平时吃的醋还要酸。

酸雨落在森林中，改变了土壤的pH值，使得树木生长所需的大量钙离子、镁离子和钾离子被中和。在这样的酸性条件下，树木根本无法正常生长，枯萎和死亡也就在所难免了。

现在的地球上，每天被砍掉的森林面积相当于40个足球场。如果这么一直砍下去，那么总有一天森林会被砍完。到那时，我们的子孙后代连正常的呼吸都困难，哪里还会有高质量的生活呢？